ÉTUDE
SUR LES TORRENTS
DES HAUTES-ALPES

Paris. — Imprimerie GUSSET et C°, rue Racine, 26.

ÉTUDE
SUR LES TORRENTS
DES HAUTES-ALPES

PAR

ALEXANDRE SURELL

INGÉNIEUR DES PONTS ET CHAUSSÉES

OUVRAGE COURONNÉ PAR L'ACADÉMIE DES SCIENCES, EN 1842

DEUXIÈME ÉDITION

AVEC UNE SUITE

PAR

ERNEST CÉZANNE

INGÉNIEUR DES PONTS ET CHAUSSÉES

TOME PREMIER

PARIS

DUNOD, ÉDITEUR

LIBRAIRE DES CORPS IMPÉRIAUX DES PONTS ET CHAUSSÉES ET DES MINES

Quai des Augustins, 49.

1870

AVERTISSEMENT DE LA 2ᵉ ÉDITION.

L'Étude **sur** les torrents a été publiée en 1841, par ordre de l'Administration des Ponts et Chaussées, représentée alors par M. Dufaure, Ministre des travaux publics, et par M. Legrand, Sous-Secrétaire d'État Directeur général.

Sollicité à plusieurs reprises de faire une nouvelle édition, l'ancienne étant épuisée depuis longtemps, mon embarras était grand. La question avait marché : beaucoup de recherches et de publications avaient été faites sur le même sujet. Ce que je proposais et discutais en 1841, les lois, les crédits, les travaux, étaient passés à l'état d'actes.

Il eût donc fallu refondre tout le travail; ce qui demandait des loisirs que je n'avais plus, et

a

risquait aussi d'enlever à l'œuvre primitive son seul mérite : celui d'exprimer avec fidélité une situation déplorable, dont j'avais été vivement frappé au début de ma carrière, et qui n'existera peut-être plus dans quelques années, si l'on maintient aux mains de l'Administration Forestière les moyens d'action dont elle dispose aujourd'hui.

L'un de mes camarades et amis, M. Cezanne, a levé cet embarras, en se chargeant de compléter la première étude par une suite qui rendrait compte des progrès accomplis. La tâche lui était plus facile qu'à tout autre, étant né dans les Hautes-Alpes, et ayant toujours suivi de près ou de loin ce qui s'y faisait.

L'édition nouvelle se compose ainsi de deux volumes.

Le premier n'est que la reproduction de l'étude primitive, sans autres changements que des coupures, quelques corrections de détail, et une meilleure coordination des matières, principalement dans les derniers chapitres.

Le second volume est complétement l'œuvre de M. Cezanne. Outre l'analyse raisonnée des études et des travaux faits depuis la première publication, il contient ses vues originales sur diverses parties de la question.

Paris, février 1870.

A. SURELL,

Ingénieur en chef des Ponts et Chaussées,
Directeur des Chemins de fer du Midi.

INTRODUCTION.

Le département des *Hautes-Alpes* présente des cours d'eau d'une nature singulière. On leur donne dans le pays le nom de *torrents;* mais à ce terme sont attachées des propriétés caractéristiques, qui ne se retrouvent pas dans les torrents des autres contrées.

Leurs sources sont cachées dans les replis des montagnes. Ils descendent de là vers les vallées, et se mêlent aux ruisseaux ou aux rivières qui les arrosent. Quand ils arrivent dans ces parties basses, ils s'étalent sur un lit démesurément large, et *bombé.* Ce dernier fait est remarquable; il établit déjà une distinction tranchée entre les torrents et la plupart des autres cours d'eau.

On sait, en effet, que ceux-ci coulent toujours

dans des enfoncements qui les encaissent; en sorte qu'une section faite perpendiculairement à leur cours donne une courbe *concave* vers le ciel, et dont les eaux occupent la portion la plus basse. — Dans les torrents, tout au contraire, un pareil profil donne une courbe *convexe,* et les eaux se tiennent dans la région la plus haute. On peut prendre de suite une idée de cette curieuse disposition, en consultant les deux *Coupes en travers,* figurées dans la planche II. — Les eaux, ruisselant ainsi sur un faîte, sont contenues par une légère dépression, qui les empêche de s'éparpiller sur la convexité du lit.

On comprend qu'un semblable cours ne peut pas être bien stable : — c'est en effet ce que montre l'observation. Les plus petites crues jettent les eaux hors de leurs berges. Elles se déversent alors à droite et à gauche, et s'é-chappent en suivant les pentes transversales du lit.

Cette instabilité rend les torrents extrêmement dangereux, car elle les transporte sur des points toujours nouveaux, et ouvre à leurs ravages des étendues considérables de terrain. On voit de ces lits dont la largeur dépasse 3,ooo mètres. Il n'arrive jamais qu'un torrent couvre à la fois cette surface tout entière; mais en se portant tantôt ici, tantôt là, il en menace continuellement toutes les parties, et, au bout de quelques crues, toutes portent réellement des traces de son passage.

Tels sont les torrents, lorsqu'ils débouchent dans les vallées.

Quand on les remonte dans les détours des montagnes, on les voit qui s'enfoncent entre des talus abruptes, crevassés, qui se dressent jusqu'à de grandes hauteurs, en formant des gorges profondes. Ces berges, sans cesse minées par la base, s'éboulent et entraînent dans leur chute les cultures et les habitations voisines.

Lorsque enfin l'on approche des sources mêmes des torrents, le terrain s'ouvre en amphithéâtre. Il forme une sorte d'entonnoir, béant vers le ciel, qui reçoit sur une vaste surface les eaux des pluies, des neiges et des orages, et les précipite rapidement dans la gorge.

Un autre fait non moins remarquable consiste

dans le grand nombre de ces torrents dans les Hautes-Alpes. Il n'est pas question ici d'expliquer quelques anomalies : il s'agit d'un ordre de faits qui se reproduit à tous les pas, avec des caractères constants, et dont la cause doit être générale et inhérente à la constitution même de ces montagnes. Lorsqu'on suit la route qui mène de Gap à Embrun, plus du quart du trajet se fait sur les lits mêmes des torrents. On les aperçoit disséminés par tout le pays, inondant toutes les vallées, sillonnant tous les revers. — De là, cet air de désolation particulier à la contrée, et qui frappe tout d'abord les étrangers, quand ils parcourent pour la première fois ces montagnes.

Une telle multitude de torrents est pour ce département le plus funeste des fléaux. Attachés comme une lèpre au sol de ses montagnes, ils en rongent les flancs, et les dégorgent dans les plaines sous forme de débris. C'est ainsi qu'ils ont créé, par une longue suite d'entassements, ces lits monstrueux, qui s'accroissent toujours et menacent de tout envahir. Ils vouent à la stérilité tout le sol qu'ils tiennent enseveli sous leurs dépôts. Ils engloutissent chaque année quelques propriétés nouvelles. Ils interceptent les communications, et empêchent d'établir un bon système de routes.

Ces ravages sont d'autant plus déplorables qu'ils se consomment dans un pays très-pauvre, sans industrie, où les terres cultivables sont rares, et font l'unique ressource des habitants. Ceux-ci n'arrivent souvent à se créer un champ qu'après des prodiges de fatigues et de persévérance. Puis le torrent survient, qui leur arrache en une heure le fruit de dix années de sueurs.

La terreur qu'inspirent ici les torrents paraît jusque dans les noms qui leur ont été donnés. C'est ainsi qu'on a le torrent de l'*Épervier;* puis les torrents de *Malaise,* de *Malfosse,* de *Malcombe,* de *Malpas,* de *Malatret,* etc..... Quelques-uns portent le nom de *Rabioux* (enragé); plusieurs autres celui de *Bramafam* (hurle-faim). Il y en a qui sont à la veille d'engloutir des villages entiers, et même des bourgs. Là, il suffit d'un nuage sombre, planant au-dessus des sources du torrent, pour répandre aussitôt l'alarme dans plusieurs communes.

La calamité des torrents ne s'arrête pas aux limites du département. Elle s'étend au dehors. Elle pèse sur une grande partie du département des Basses-Alpes, et d'une manière terrible sur une de ses vallées (celle de l'Ubaye, où est située Barcelonnette). On les retrouve encore dans les régions des départements de l'Isère et de la Drôme qui avoisinent les Hautes-Alpes. — Mais ils ne sévissent nulle part avec autant de fureur que dans ce dernier pays; et c'est dans l'arrondissement d'Embrun surtout qu'ils se montrent en plus grande abondance, et sous leurs dimensions les plus formidables. A mesure qu'on s'éloigne de ce territoire, qui est comme le centre de leur action, on les voit s'affaiblir peu à peu dans leur violence, en même temps qu'ils deviennent de plus en plus rares. En s'éloignant encore, leurs propriétés caractéristiques finissent par disparaître.

L'étude de ces cours d'eau présente un double intérêt. Elle livre à la science quelques observations nouvelles. Elle conduit ensuite à mieux connaître les causes qui les rendent si redoutables, et donne l'idée des moyens propres à les combattre.

Jusqu'à ce jour rien n'a été recueilli.

M. Héricart de Thury a publié, en 1806, une *Potamographie des cours d'eau du département des Hautes-Alpes*. Ce titre semble annoncer quelques détails sur les torrents; mais l'auteur ne fait que crayonner une esquisse rapide, et toute géologique, des vallées parcourues par les cours d'eau. Il signale, en passant, les effets destructeurs des torrents, sans s'arrêter à les décrire.

L'ouvrage de l'ancien préfet des Hautes-Alpes, M. Ladoucette (*Essai sur la topographie des Hautes-Alpes*), ne renferme pas sur ce sujet plus de développements.

Un ingénieur s'est occupé longuement de cette étude : c'est Fabre. Son *Essai sur la théorie des torrents et des rivières*, publié en 1797, contient une description complète des torrents, des considérations justes, et souvent fines, sur leur formation et sur leur manière d'agir, enfin, beaucoup d'observations, sous la forme d'aphorismes, et c'est là peut-être le défaut de son ouvrage. La matière ne comportait pas ces formes géométriques, sous lesquelles il a voulu la faire plier. Il raisonne trop et ne s'embarrasse pas de citer les faits à l'appui de ses déductions. Il devient dès lors difficile de démêler dans son livre ce qui vient de l'observation de ce qui vient de l'auteur, c'est-à-dire la part certaine de la part douteuse, et l'on finit par demeurer également défiant sur le tout.

En outre, il paraît clairement, par plusieurs passages de ce livre, que les torrents observés par l'auteur ne sont pas ceux des Hautes-Alpes, quoiqu'ils s'en rapprochent en plusieurs points. Sa théorie, lorsqu'on l'applique à ces derniers cours d'eau, ne tombe donc pas toujours juste. Elle a été fondée visiblement sur l'observation des torrents qui désolent le midi de la Provence, et principalement de ceux du Var, où Fabre était ingénieur en chef.

Toutefois, j'invoquerai souvent ce livre, dont le mérite est incontestable. Il est le seul qui traite à fond, non pas exactement le sujet même dont je vais m'occuper, mais un sujet qui en est très-voisin. — Fabre lui-même annonce qu'aucun livre n'avait été publié sur cet objet, et il priait qu'on excusât l'imperfection de son travail, à cause de la nouveauté de la matière.

Un autre ouvrage du même genre est celui publié par Lecreulx, en 1804 (*Recherches sur la formation et l'existence des ruisseaux, rivières et torrents*). Il n'y a rien à y puiser. L'auteur qui a voulu réfuter l'*Essai* de Fabre, ne connaissait évidemment pas l'espèce de cours d'eau que celui-ci a eu principalement en vue.

Mais je citerai souvent un excellent mémoire de M. Dugied (*Projet de boisement des Basses-Alpes, présenté à S. E. le ministre secrétaire d'État de l'intérieur, par M. Dugied, ex-préfet de ce département*). — C'est le seul mémoire, à ma connaissance, qui traite spécialement des moyens définitifs à opposer aux torrents; mais il s'adresse à ceux qui les connaissent déjà.

Ainsi, dans tous ces ouvrages, rien ne fait connaître spécialement les torrents des Hautes-Alpes. — Il m'a paru qu'il y avait pourtant là quelques faits dignes de remarque, qu'il ne serait pas inutile de recueillir et de répandre au dehors. Leur connaissance intéresse surtout les ingé-nieurs que l'administration envoie dans ce département, et qui s'y succèdent généralement très-vite. Un décret spécial a mis dans leurs attributions l'étude de tous les travaux, publics ou particuliers, à entreprendre sur les torrents : ce qui leur présente souvent des difficultés, parce qu'ils ne peuvent se guider, ni sur ce qu'ils ont observé ailleurs, ni même sur l'expérience de leurs prédécesseurs, tout ce qui a été pratiqué jusqu'à ce jour étant retombé aussitôt dans l'oubli.

Une autre pensée m'a encore déterminé à entreprendre cette étude, et je dois dire que c'est celle qui m'a surtout soutenu tout le long de mon travail. Ce malheureux département marche à sa ruine, et l'administration, dont le devoir est de veiller à la conservation de notre territoire, n'a encore tenté aucun effort pour conjurer cet avenir. Il devient pressant de forcer enfin son attention sur un mal dont elle semble ignorer l'étendue et les suites, et j'ai cru qu'en mettant la plaie au jour, j'accomplissais un devoir.

L'ouvrage est divisé en quatre parties :

Je décrirai d'abord les propriétés principales des torrents.

J'examinerai ensuite les moyens de défense qu'on a employés jusqu'à présent, pour protéger, soit les propriétés, soit les routes.

Dans la troisième partie, je remonterai aux causes qui ont engendré et accumulé ici les torrents. — Elles peuvent être déterminées de la manière la plus rigoureuse, par l'analyse des faits observés; et la même recherche conduit très-logiquement au système à suivre pour mettre un terme au mal.

Enfin, dans la quatrième partie, j'exposerai ce système et je dirai ce qui, dans ma conviction la plus intime, peut seul prévenir l'affreuse destinée qui menace ces montagnes. — Je discuterai cette partie avec plus de développement que les précédentes. Dans celles-ci, je n'aurai eu que des faits à décrire ou à expliquer : là, ce sera un système à faire prévaloir, des objections à prévoir et à repousser.

Je ne doute pas que mes convictions ne soient partagées par tous ceux qui ont vu le mal de près, comme moi. — Je souhaite qu'elles le soient aussi par les hommes éminents placés à la tête de nos administrations, et qui ont seuls le pouvoir d'appliquer les mesures que je soumets à leur expérience et à leur sagesse.

TABLE DES MATIÈRES.

TABLE DES MATIÈRES.

TROISIÈME PARTIE.

CAUSES DE LA FORMATION ET DE LA VIOLENCE DES TORRENTS.

QUATRIÈME PARTIE.

MOYENS A OPPOSER AUX TORRENTS.

NOTES.

PREMIÈRE PARTIE.

DESCRIPTION DES TORRENTS.

CHAPITRE PREMIER.

DIVISION EN BASSINS ET EN VALLÉES.

Quand on jette les yeux sur une carte du département des Hautes-Alpes, on voit une multitude de cours d'eau, qui sillonnent la contrée en tous sens, et paraissent dispersés sur la surface du sol avec une sorte de confusion. C'est l'aspect que présentent souvent les pays de montagnes, quand leurs chaînes s'entre-croisent sans allures régulières.

Tous ces courants se jettent dans la *Durance*, dans le *Buëch* et dans le *Drac*; ce qui fait trois bassins distincts, caractérisés par ces trois rivières. Lorsqu'on suit ces rivières au delà de l'enceinte du département, on les voit, toutes trois, aboutir au *Rhône;* la première, gardant son nom jusqu'au confluent; les deux autres, après l'avoir perdu. C'est donc à ce grand bassin du Rhône, l'un des cinq principaux de la France, qu'appartiennent, sans exception, tous les cours d'eau du département.

1

Chacun des trois bassins est traversé par une grande vallée, qui s'élève insensiblement jusqu'à un col, où elle prend naissance. Elle reçoit des vallées secondaires, auxquelles aboutissent d'autres vallées plus petites, qui peuvent encore se ramifier. La vallée principale figure le tronc de cette sorte d'arbre.

Toutes ces vallées, quel que soit leur rang, sont arrosées par un cours d'eau, qui en dessine le *thalweg*.

Quand on relève le profil en long du thalweg, on obtient, dans la plupart des cas, une courbe sensiblement continue, dont la pente s'élève, à mesure qu'on approche du col. La courbe est donc concave vers le ciel, et elle se relève plus rapidement vers le col.

Qu'est-ce qui a disposé ainsi le lit des cours d'eau suivant une courbe continue? Pourquoi cette courbe est-elle concave, et varie-t-elle plus rapidement de courbure dans le haut? Toutes ces conditions se réunissent pour former précisément la courbe qui convient le mieux à l'écoulement d'un liquide, dans lequel le volume du courant s'accroîtrait, en raison de la distance parcourue. Ne semble-t-il pas que des formes qui s'adaptent si bien aux lois du mouvement des eaux ne peuvent être elles-mêmes que les conséquences de ces lois?

Si les *thalwegs* avaient été amenés à l'état où on les voit aujourd'hui, par la même cause générale, quelle qu'elle soit, qui a créé les montagnes, pourquoi ont-ils des formes si régulières, quand les *lignes de faîte*, qui, dans cette hypothèse, auraient été formées en même temps, dessinent dans le ciel des lignes si capricieuses? Par quel hasard, entre une infinité de formes possibles, les thalwegs auraient-ils pris justement celle-ci, qui est telle que les eaux l'auraient créée elles-mêmes, si elles ne l'avaient pas trouvée déjà toute faite?

Il est donc rationnel de penser qu'une cause régulatrice a coopéré à la formation des thalwegs, tandis que les faîtes ont été abandonnés à eux-mêmes. Il est également rationnel de placer cette cause dans l'action longtemps prolongée des eaux.

Les eaux ont pu, à l'origine, être jetées sans ordre au milieu d'accidents très-variés du sol, provenant des causes géologiques. Mais elles étaient forcées d'obéir à une loi constante, qui est de s'écouler suivant la ligne de plus grande pente; et en la suivant toujours, elles l'ont modifiée. Comblant ici des bassins, abaissant là des seuils, s'encaissant ensuite au milieu de leurs propres dépôts, elles ont fini par accommoder le sol à leur cours, après avoir dû s'accommoder d'abord au sol, tel qu'elles le trouvaient fait. — Ainsi s'est créé peu à peu la courbe du lit le plus stable, et cette courbe, c'est le thalweg. Sa formation est hydrologique, et postérieure à celle des vallées mêmes, qui sont, à peu près toutes, d'origine géologique (1).

Ces considérations, qui n'ont d'ailleurs rien de spécial aux Hautes-Alpes, sont utiles à rappeler au commencement d'une étude dans laquelle cette action des eaux apparaîtra avec une pleine évidence.

---

(1) On peut constater, le long de la Durance, que cette rivière a dû s'écouler autrefois, par une suite de lacs allongés, séparés par des rapides ou cataractes Les lacs sont devenus des plaines, et les rapides sont marqués par des défilés plus ou moins étroits ou encaissés.

On retrouve les mêmes vestiges sur le Buëch, le Drac, la Romanche, etc.

CHAPITRE II.

CLASSIFICATION DES COURS D'EAU DU DÉPARTEMENT.

Tous les cours d'eau qui parcourent ces vallées n'ont pas les mêmes caractères. On peut, suivant les différences qu'ils manifestent dans leurs propriétés, les répartir en quatre classes.

La première comprend les *Rivières*. — Comparées aux autres cours d'eau, les rivières portent les caractères suivants :

Elles coulent dans des vallées larges; elles ont un assez fort volume d'eau, et des crues prolongées; leur pente, constante sur de grandes longueurs, n'excède pas 15 millimètres par mètre.

Mais le trait le plus saillant de ces rivières est de *divaguer* sur un lit plat, très-large, et dont elles n'occupent jamais qu'une très-petite portion. Ce n'est pas seulement la forme de la section fluide qui se modifie, et dans laquelle se déplace de temps en temps le thalweg; c'est la masse toute entière des eaux, qui abandonne son lit, le laisse tout à coup à sec, et se transporte dans un lit nouveau, à une grande distance du premier. Ce qu'on appelle ici les *délaissés* de la Durance sont des plages, qui se prolongent au loin,

tantôt couvertes de cultures, le plus souvent stériles, et dont
la largeur excède souvent 800 mètres. Dans cette ample section, l'espace que mouille la rivière, dans ses plus forts débordements, n'est pas de plus de 50 à 100 mètres : il n'est
pas de 30 mètres, pendant l'étiage. Mais comme cet espace
varie sans cesse, et qu'il se transporte sur des points toujours différents, la plage entière est menacée par les eaux,
et elle leur appartient dans toute son étendue.

Ces divagations causent au pays de grandes pertes, et par
les cultures qu'elles envahissent, et par les terrains qu'elles
empêchent de livrer à la culture. Elles ont provoqué de nombreux endiguements, dans toutes sortes de systèmes, et qui
mériteraient une étude particulière.

Il y a dans le département quatre cours d'eau qui réunissent
de la manière la plus complète les caractères que je viens
de décrire : ce sont :

La Durance,
Le Grand Buëch,
Le Petit Buëch,
Le Drac (1).

La deuxième classe comprend les cours d'eau que j'appellerai *rivières torrentielles*. Ils correspondent aux *torrents-
rivières* de Fabre, et forment les affluents principaux des
rivières. Leurs vallées sont moins longues et plus resserrées,
Les variations de leurs pentes sont plus rapides. Leur volume d'eau est moins considérable. Ils ne divaguent pas ou
divaguent peu, parce que leurs berges sont plus solides et

---

(1) Dans les Basses-Alpes, l'*Ubaye*, et plusieurs autres.

mieux encaissées. Leur pente n'excède pas 6 centimètres par mètre. — Dans ce genre se placent :

Le Guil,
La Romanche,
La Gironde,
La Clarée,
La Vence, etc.

Les *torrents* forment la troisième classe. — Ils coulent dans des vallées très-courtes (1), qui morcellent les montagnes en contre-forts; quelquefois même, dans de simples dépressions. Leurs crues sont courtes, et presque toujours subites. Leur pente excède 6 centimètres par mètre, sur la plus grande longueur de leur cours : elle varie très-vite, et ne s'abaisse pas au-dessous de 2 centimètres par mètre.

Ils ont une propriété tout à fait spécifique. Ils *affouillent* dans la montagne; ils *déposent* dans la vallée; et ils *divaguent* ensuite, par suite de ces dépôts. Cette propriété, formée par un triple fait, ne se retrouve dans aucune des deux classes précédentes, et fournit un caractère bien tranché.

Remarquons de suite que cette définition des torrents n'est plus celle qui est usitée généralement.

Dans le langage ordinaire, on appelle *torrent* tout cours d'eau impétueux (2).

Dans les traités d'hydraulique, le *torrent* est un cours d'eau, coulant sur des pentes très-fortes, grossissant extraordinairement dans les crues, et *sujet à tarir pendant une*

---

(1) Les torrents les plus allongés n'atteignent pas cinq lieues de cours.

(2) Dictionnaire de *Boiste.*

partie de l'année (1). — Or, dans les Hautes-Alpes, la plupart des torrents ne tarissent jamais ; plusieurs même ont un volume d'eau constant si considérable, que dans d'autres pays, et sur des pentes moins fortes, on les assimilerait aux rivières.

Dans l'ouvrage de Fabre (2), le *torrent* est défini : « *Un* « *cours d'eau, violent dans les crues, dont le lit est variable,* « *dont les crues sont de courte durée, et dont les pentes sont* « *irrégulières.* » La propriété distinctive des torrents ne ressort pas dans cette définition. Elle n'énonce qu'un seul des trois faits, qui constituent nos torrents, savoir : la mobilité du lit. Mais ce n'est là, ni un fait caractéristique, puisqu'il est commun aux torrents et aux rivières, ni un fait fondamental, car il dérive des deux autres. La définition de Fabre donne l'idée de torrents dont les effets seraient vagues, très-affaiblis, et difficiles à spécifier nettement. La suite de l'ouvrage confirme cette supposition.

Je passe à la quatrième classe.

Ici se placent tous les cours d'eau, qui ne peuvent être assimilés aux rivières torrentielles, parce qu'ils n'ont pas un volume d'eau assez fort, ni un parcours assez prolongé ; et qui ne présentant pas la propriété caractéristique des torrents, ne peuvent pas non plus être confondus avec eux. Je les appellerai *ruisseaux*, comme on le fait générale-

---

(1) Par exemple, dans le Dictionnaire des travaux publics de M. *Tarbé de Vauxclairs*.

Suivant *Lecreulx*, le torrent « *est une masse d'eau réunie, qui coule sur une pente très-rapide*..... » Il définit cette pente de *six lignes par toise*, ce qui fait un peu moins de *sept millimètres par mètre* (voyez son ouvrage cité, page 151 et suivantes). A ce compte la Durance serait un torrent.

(2) Page 35 et suivantes.

ment dans ce pays, où toutes ces distinctions sont très-bien senties (1).

Plusieurs causes empêchent les ruisseaux de prendre les propriétés des torrents. Tantôt ils coulent sur des pentes douces, qui les privent de vitesse (2); tantôt leur volume d'eau est trop faible pour affouiller profondément le terrain (3). D'autres fois, les berges sont solides et résistent à l'affouillement (4). Ces causes variées mènent au même résultat : les eaux n'affouillant plus, cessent aussi de déposer, et il n'y a plus de torrent. — Il en résulte que les eaux des ruisseaux coulent toujours limpides, ou peu chargées.

Le parcours des ruisseaux dépasse fréquemment celui des torrents, même les plus prolongés; mais ce parcours se fait dans un bassin resserré. Au contraire, les torrents comprennent toujours, dans l'étendue de leur cours, quelque large bassin, taillé dans les croupes des montagnes, et qui accumule dans le même lit toute la masse d'eau répandue sur une grande région.

La plupart des *cascades* du pays appartiennent aux *ruisseaux* (5). Cela doit être : car l'existence même de la cascade témoigne de la solidité du terrain aux flancs duquel elle se précipite. Celui-ci ne peut donc pas être affouillé, ni le cours d'eau former un torrent.

Après avoir défini les quatre classes, il est nécessaire de

---

(1) *Rif, Rio*, ou *Riou.*
(2) Le *Rio-Claret,* — la *Luye* à Gap.
(3) Le *Rio-Clar.*
(4) Ruisseaux de *Chagne,* — de *Riou-Bel.*
(5) Cascades du *Rif-Tors,* des *Fréaux,* de *Paris,* dans des rochers de gneiss ; — cascade de *Châteauroux,* dans le grès.

faire une observation. C'est qu'il ne faudrait pas considérer ces classes comme des moules invariables, dans lesquels chaque cours d'eau dût nécessairement trouver sa place. On sait bien que les choses ne se passent jamais dans la nature d'une manière aussi géométrique que dans notre esprit.

Il y a des cours d'eau qui n'appartiennent rigoureusement à aucune des quatre classes, et qui, dans toute l'étendue de leur cours, ne manifestent que des caractères mixtes, ré—sultant de la fusion de deux classes voisines. Ceux-là se placent dans les transitions (1).

Il y a plus. Le même cours, observé en différents points de sa longueur, ne présente pas partout les mêmes carac—tères. — Ainsi la rivière commence par être un ruisseau ou un torrent. Quand elle entre dans de larges vallées, elle divague; quand elle traverse des étranglements, où son cours est resserré, elle coule à la manière des rivières tor—rentielles. — Certains torrents, après avoir déchargé leurs matières dans la vallée, poursuivent leur cours sous forme de ruisseaux.

Les traces d'anciens lacs sont fréquentes dans ces mon—tagnes. Or, c'est une règle constante qu'un cours d'eau, d'un certain volume, dès qu'il entre dans un de ces bas—sins, convertis aujourd'hui en plaines, divague et con—serve, tout le long de la traversée, les caractères des ri—vières (2). Mais tandis que cette circonstance arrive ici une

---

(1) Les torrents de l'*Ascension* et de *Prareboul* tombent en cascades, comme les ruisseaux. — La *Béoux* tient le milieu entre les torrents et les rivières torrentielles. — La *Rousine* participe à la fois des ruisseaux, des rivières torrentielles et des rivières.

(2) La *Biaisse*, à *Freyssinières*, — la *Gironde*, à *Vallouise*, — le *Guil*, au *Château-Queyras*, — la rivière d'*Ancelle*, dans le *Champsaur*, — le *Cristillon*, dans la vallée de *Ceillac*, — la *Romanche*, au *Bourg d'Oisans*.

fois, et par hasard, elle se manifeste d'une manière générale dans toutes les rivières, et se répète, sans interruption, tout le long de leur cours : ici elle constitue un caractère permanent; là elle apparaît comme un accident.

Ce qui, dans cette division en quatre classes, est tout à fait réel et absolu, c'est l'accord constant des propriétés qui définissent chacune d'elles. Ces propriétés forment véritablement quatre groupes distincts, et, dans chaque groupe, les faits sont liés, inséparables, et réciproquement corollaires les uns des autres. Dès qu'un cours d'eau prend l'une des propriétés, il prend inévitablement toutes les autres. Ainsi, quand il entre dans un de ces bassins d'anciens lacs, nonseulement il divague, et s'assimile par là aux rivières; mais il prend en même temps leur pente; il prend leur forme de section, leur manière d'agir dans les crues, etc. : même l'aspect général de la vallée devient celui d'une vallée de rivière (1). — C'est donc cet ensemble de quatre groupes de propriétés qu'il faut considérer surtout dans les quatre classes, et non pas les exemples qu'on en peut citer, et qui sont tous plus ou moins imparfaits.

Je reviens aux torrents, qui vont désormais nous occuper exclusivement. On peut les répartir en trois genres.

---

(1) Je cite un exemple. La *Romanche* est une rivière torrentielle. Sur la plus grande partie de son cours, elle coule dans un lit encaissé, de forme stable, et dont la pente varie entre 2 et 7 centimètres par mètre. Aux *Ardoisières*, elle affouille, et prend le caractère des parties supérieures des torrents : sa pente est alors de 8 à 11 centimètres. Au *Bourg-d'Oisans*, elle entre dans un bassin, divague, et prend le caractère des rivières; mais, en même temps, sa pente s'abaisse au-dessous de 1 centimètre.

Le premier comprend ceux qui partent d'un col, et coulent dans une véritable vallée (1).

Le deuxième, comprend ceux qui descendent directement d'un faîte, en suivant la ligne de plus grande pente (2).

Le troisième genre comprend ceux dont la source est au-dessous du faîte, et sur les flancs mêmes de la montagne (3).

Ces trois genres se fondent souvent l'un dans l'autre, et la remarque, déjà faite au sujet des quatre classes de cours d'eau, trouve encore ici son application. Si l'on demandait le type du torrent des *Hautes-Alpes*, il faudrait nommer ceux du deuxième genre. Le premier se rapproche davantage des rivières torrentielles; le dernier, des ravins ordinaires. Dans le second, tous les caractères sont saillants, et ressortent vivement.

Il existe, dans les vallées les plus hautes du département, un genre particulier de torrents, qu'il faut au moins citer. Ils sortent du milieu des glaciers. Leur lit sert de couloir aux avalanches, et à d'énormes pans de glace, que la progression constante des glaciers pousse jusqu'au bord de talus escarpés, d'où ils se précipitent dans la vallée avec un grand

---

(1) Torrents de *Réalon*, de *Vachères*, de *Boscodon*, de *Rabioux*, de *Crevoulx*, de *Couleau*, etc.

Dans les Basses-Alpes, le torrent de *Bachelard*.

Dans la Drôme, l'*Aigues* entre Ribeyret et Orange.

(2) Torrents de *Merdanel* (à Saint-Crépin), des *Moulettes* (à Chorges), d'*Egouarres*, de *Sainte-Marthe*, de *Bramafam*, de *Saint-Pancrace*, de *Devizet*, etc.

Dans les Basses-Alpes, les torrents de *Rioubourdoux*, de la *Bérarde*, de *Saint-Pons*, etc.

(3) Torrents des *Graves* (aux Crottes), de *Combe-Barre*, de *Merdanel* (près de Chadenas), de *Pals* (sous Mont-Dauphin), de la *Couche*, etc.

Les torrents de *Saint-Sauveur*, ceux de la *Rochette* (près de Gap), les *Combes du Puy-Saint-Eusèbe* (près d'Embrun), etc.

fracas. — A côté de ces formidables agents, l'eau ne joue plus qu'un rôle secondaire. Elle amène pourtant quelques dépôts, qui s'ajoutent à ceux amoncelés par les glaciers et les avalanches, et forment, ce qu'on appelle dans le pays, des *moraines*. Les torrents eux-mêmes portent souvent le nom de *tabut* ou *tabuché* (1). Il faut écarter ce genre de tout ce qui sera dit ici sur les torrents, avec lesquels il n'a qu'un petit nombre de propriétés communes.

Citons encore, pour ne rien omettre, ce qu'on appelle ici des *torrents blancs* (2). Ce sont, à proprement parler, des talus d'éboulement, qui se forment au pied des crêtes, ou des roches taillées à pic; mais, en considérant leur forme, on remarque qu'ils ne sont pas sans analogie avec les dépôts amenés par les torrents ordinaires, et l'eau est effectivement un des agents de leur formation. Seulement elle n'agit ici que pour hâter l'action de la pesanteur, et celle-ci produirait seule les mêmes effets, dans un temps plus long. — En effet, les mêmes talus sont encore formés, soit par les avalanches de pierres, soit par les *casses* (3); et dans ces derniers phénomènes, quoiqu'ils se produisent de préférence par les temps humides et pluvieux, l'action de l'eau, comme force de transport, est tellement insignifiante, qu'on ne risque rien de la considérer comme nulle.

---

(1) *Tabut de Casset, tabut du Monestier,* — *tabuché de La grave, tabuché de l'Alp*, etc.

(2) Dans la combe de *Mallaval,* dans le *Queyras,* et la *Vallouise;* en général dans toutes les vallées hautes.

(3) Les *casses* sont des parois de montagne, presque verticales, formées de roches qui se détachent et tombent par masses. Les pluies, les orages, le vent, le dégel, favorisent la chute de ces blocs : ils s'entassent au pied du rocher dont ils faisaient partie, et forment des amoncellements, qui sont souvent entraînés ensuite par les torrents.

CHAPITRE III.

DES TROIS PARTIES QUI CONSTITUENT LES TORRENTS ; LE BASSIN
DE RÉCEPTION ; LE CANAL D'ÉCOULEMENT.

Il ressort, de la définition même des torrents, que, si
l'on observe attentivement leur cours, depuis leur source
la plus élevée jusqu'à leur débouché dans les grandes vallées, on y doit distinguer trois régions, qui sont d'ailleurs
nettement caractérisées par leur forme, par leur position,
et par les effets constants que les eaux exercent dans chacune d'elles.

D'abord, une région dans laquelle les eaux s'amassent, et
affouillent le terrain. Elle forme un bassin, caché dans la
montagne, à la naissance du torrent.

Puis une autre région, dans laquelle les eaux *déposent*
les matières provenant de l'affouillement. Elle forme un
large lit, situé dans les vallées.

Enfin, entre ces deux régions, une troisième, où se fait
le passage de l'affouillement à l'exhaussement. — On conçoit,
en effet, que si le torrent passe d'une action à une action
directement contraire, il doit exister une limite, où finit la
première, et où la seconde commence. Cette limite, qu'il
est toujours possible de déterminer, comprend une région

plus ou moins étendue, où les eaux s'écoulent, sans affouiller leur canal, et sans l'exhausser (1).

On retrouve inévitablement ces trois régions dans toutes espèces de torrents, avec des formes variées, d'où résultent les actions variées des torrents. C'est à la constance de cette disposition que ceux-ci doivent tout ce qu'il y a de général, et, en même temps, de funeste dans leurs propriétés. Examinons-les successivement.

La première région, que je nommerai *Bassin de réception*, a la forme d'un vaste entonnoir, diversement accidenté, et aboutissant à un goulot, placé dans le fond. — L'effet d'une pareille configuration est de porter rapidement sur un même point la masse d'eau, qui tombe sur une grande surface de terrain. Si l'on se reporte à la définition qui a été donnée des trois genres de torrents, on voit que cette distinction est fondée tout entière sur la position que leurs bassins de réception occupent dans les montagnes.

Dans les torrents du premier genre, où les formes apparaissent sur l'échelle la plus large, le bassin de réception embrasse de vastes croupes de montagnes; sa figure caractéristique se distingue même sur les cartes ordinaires. Le goulot se prolonge vers l'aval, en formant une véritable vallée, ou plutôt, une gorge étroite, profondément encaissée par les flancs des montagnes, et dont la longueur est souvent de plus de deux lieues. Elle donne l'exemple de véritables tranchées ouvertes par l'unique action des eaux. — Dans cette gorge, les berges sont très-abruptes, minées par le pied, et dé-

---

(1) L'emplacement du pont de *Sainte-Marthe*, sur le torrent du même nom, peut être cité comme occupant le point de passage entre l'affouillement et l'exhaussement.

chirées par un grand nombre de ravins. Elles s'élèvent fréquemment à plus de 100 mètres au-dessus du lit. D'intervalle en intervalle, elles sont coupées par des torrents secondaires, qui se perdent, en se ramifiant, dans les contours de la montagne, et mènent dans la gorge les eaux d'une partie du bassin.—Ces berges fournissent au torrent la plus grande masse de ses alluvions; c'est de leurs flancs qu'il tire ces blocs énormes, qui tombent çà et là dans le lit, et sont ensuite portés au loin par les eaux (1).

Le goulot s'évase vers le haut, à l'endroit où il pénètre dans l'entonnoir.

Celui-ci est figuré, quelquefois, par des roches décharnées, qui se dressent en amphithéâtre devant l'embouchure du goulot. D'autres fois, c'est un col sillonné par une infinité de courants, qui s'y étalent, en imitant une patte d'oie (2). Ces vastes dépressions étant situées dans les parties les plus hautes des montagnes, l'eau, pendant la plus grande partie de l'année, n'y peut tomber qu'à l'état de neige. Sous cette forme, elle ne se dissipe pas, ou se dissipe peu : elle s'amoncelle donc, et si les chaleurs du printemps arrivent sans préparation, elles fondent en peu de jours la masse d'eau, accumulée pendant de longs mois. Ainsi s'explique une des causes principales de la violence de certaines crues.

On peut citer le torrent qui découle du col *Izoard* vers *Arvieux*, comme type du goulot d'un bassin de réception. L'aspect en est effrayant. Une suite de torrents latéraux qui

---

(1) Voyez la note 1.
(2) Torrents de *Rabioux*, de *Mauriand*, comme types; — torrent du *Bachelard*, aboutissant au col d'Allos, dans les Basses-Alpes.

se succèdent, sur une longueur de 3,000 mètres, précipitent dans le fond de la gorge les débris arrachés aux deux flancs de la montagne. Le moindre de ces torrents secondaires, transporté dans une vallée fertile, suffirait à la ruiner complétement (1).

Dans les torrents du deuxième genre, le bassin de réception, au lieu de se perdre dans les cols des montagnes, est formé par une ondulation de leurs cimes, et creusé dans leurs revers. C'est dans ce genre qu'il est le plus facile d'observer cette disposition en entonnoir, si caractéristique : le spectateur placé sur la cime peut embrasser, du même coup, le cours entier du torrent, dont toutes les parties se dessinent à la fois devant lui (2).

Enfin, dans le troisième genre, le bassin de réception se réduit à une espèce de large fondrière, creusée par quelques ravins, et qui porte souvent dans le pays le nom de *combe* (3). Elle ne reçoit pas d'affluents, et n'amasse guère que les eaux, qui tombent dans l'enceinte même de la dépression. Elle est toujours creusée dans les flancs mêmes des montagnes, et au-dessous de leurs cimes : mais elle tend à s'accroître, et s'élève peu à peu vers le sommet, qu'elle finit par atteindre. Cette marche s'accélère dans les terrains, dont la décomposition est rapide. — Ainsi se forment, à la longue, beaucoup de torrents du deuxième genre. On peut ici, sur une foule d'exemples, suivre les progrès et les phases diverses de leur formation, depuis leur état naissant, jusqu'à leur développement complet.

---

(1) Voyez la note 2.
(2) Le torrent de *Merdanel* (à Saint-Crépin) comme type.
(3) Combes de *Puy-Sanières*, combes de *Saint-Sauveur*, torrent de *Combe-Barre*, torrent de *Combe-la-Bouze*, torrent de *Comboye*.

Au-dessous du bassin de réception, et à la suite du goulot, se trouve cette région, où il n'y a plus d'affouillement, et où il n'y a pas encore de dépôts. Je l'appellerai *Canal d'écoulement*. — Parmi les trois régions, celle-ci est la moins bien caractérisée, et, presque toujours, la moins étendue. Sa longueur est d'autant plus grande que la variation des pentes est plus douce. Voilà pourquoi le canal d'écoulement, qui est assez allongé dans les torrents du premier genre (1), devient plus court dans ceux du second (2), et dans ceux du troisième (3), enfin, se réduit presque en un point, lequel même est sujet à se déplacer.

Le canal d'écoulement est toujours compris entre des berges bien dessinées. En effet, là où les berges manqueraient, rien n'empêchant le torrent de divaguer, il perdrait sa vitesse, et il déposerait.

Le canal d'écoulement est la seule région où les torrents soient peu offensifs. Malheureusement, on a vu qu'elle est presque toujours la plus courte. — C'est là qu'il faut chercher à établir les ponts.

Si l'on parvenait à prolonger artificiellement le canal d'écoulement jusqu'au confluent de la rivière, en conservant strictement sa pente, sa section et son alignement, on aurait fait cesser tous les ravages. Tel est le problème de *l'encaissement des torrents*.

Il me reste à décrire la dernière région, qui est celle où

---

(1) Torrents de *Rabioux*, de *Réalon*, de *Boscodon*, de *Labéoux*.
(2) Torrent de *Sainte-Marthe*.
(3) Torrent des *Graves*.

se forment les dépôts. Je l'appellerai *Lit de déjection*. On y découvre des lois régulières, qui méritent qu'on s'y arrête plus longtemps (1).

---

(1) Voyez, pour éclaircir ce chapitre, les figures 1 et 2.

CHAPITRE IV.

FORME DES LITS DE DÉJECTION.

Le premier aspect de ces lits n'est pas sans analogie avec celui d'une vaste ruine : aussi plusieurs torrents ont-ils emprunté leur nom à cette ressemblance (1). C'est un entassement de cailloux et de blocs, dispersés sur une grande étendue de terrain; une plage aride, dénuée de cultures, de végétation, et même de sol végétal, et qui éveille naturellement dans l'esprit l'idée d'une grande destruction. En présence de cette masse énorme de débris, on a quelquefois peine à comprendre qu'elle puisse être l'ouvrage du chétif filet d'eau, qu'on voit suinter à travers les blocs.

Examinés avec plus de soin, on découvre que ces amas, qui paraissent jetés là avec tant de désordre, sont au contraire disposés suivant des lois toutes mathématiques.

D'abord, leur forme générale est fort remarquable. C'est celle d'un monticule conique, très-aplati, placé à la sortie de la gorge, et accolé à la montagne, comme un contre-fort.

---

(1) Torrents de la *Ruine* (au *Lautaret*), — de la *Ruinasse* (au *Mones-tier*), — de *Ruinance* (*Basses-Alpes*).

Les arêtes, qui dessinent, sur la surface de ce cône, les lignes de plus grande pente, sont dressées très-régulièrement, suivant des pentes douces, qui s'infléchissent un peu vers le bas, mais avec une parfaite continuité; elles partent toutes dé l'issue de la gorge, qui figure le sommet du cône. De loin, elles se détachent nettement sur le fond du ciel, avec un profil si correct, qu'on le croirait réglé à l'aide du niveau (1). On prend une idée de cette figure, en la comparant à celle que ferait un éventail déployé, dont le point d'attache serait à l'issue de la gorge, et dont le faisceau aurait été relevé vers le milieu, en forme de *dos d'âne*. On peut encore la considérer comme engendrée par le talus naturel d'un corps semi-liquide, qui aurait coulé hors de la montagne, en sortant par la gorge (2).

L'aspect de ce monticule est si particulier, qu'il décèle de fort loin la présence d'un torrent, avant qu'aucun autre indice ait pu la faire soupçonner. Il occupe souvent plus de trois quarts de lieue de largeur, et sa hauteur, au-dessus du niveau de la vallée, dépasse 70 mètres (3). — Rien ne prouve mieux l'énergie des torrents, que ces masses énormes, formées toutes entières par leurs déjections.

Lorsqu'on relève, à l'aide du niveau, la pente de ces lits, en suivant aussi exactement que possible l'arête centrale du faisceau conique, on constate les trois lois suivantes, qui peuvent se vérifier sur tous les torrents, et se reproduisent partout, avec une grande constance :

---

(1) Par exemple, le torrent de *Boscodon*, vu de l'esplanade d'*Embrun*, à une distance de 6 kilomètres; — celui de *Merdanel* (Saint-Crépin), vu du pied de *Mont-Dauphin*.

(2) Figure 1.

(3) Figure 3.

1° Le profil longitudinal forme une courbe continue, concave vers le ciel; c'est-à-dire, pour exprimer le fait en d'autres termes, que les pentes diminuent, à mesure qu'on descend vers l'aval;

2° La variation des pentes est plus rapide vers le haut que vers le bas;

3° L'inclinaison des pentes varie avec la nature des dépôts. Elle n'est jamais au-dessous de 2 centimètres par mètre, ni au-dessus de 8 centimètres. Elle est constante pour tous les torrents d'une même localité, et qui ont leur origine dans la même chaîne de montagnes. — Par exemple, tous les torrents répandus dans la vallée de la Durance, aux environs d'*Embrun*, ont une pente qui varie, à très-peu près, entre 5 et 7 centimètres par mètre. Dans tous ces torrents, l'entonnoir des bassins de réception est dans les terrains du grès vert, et le goulot traverse les lias. Tous ont aussi, à peu près, la même nature de dépôts.

On trouvera, dans les planches, plusieurs nivellements, faits sur les lits de déjection. Ils serviront à vérifier les lois précédentes, et me dispensent de m'appesantir sur elles davantage (1).

----

(1) Figures 5, 6, 7, 8, 9 et 10.

CHAPITRE V.

FORMATION DE LA COURBE DU LIT.

Maintenant que les trois parties d'un torrent sont bien connues, considérons-les dans leur ensemble.

D'abord, si, remontant le cours d'un torrent, on continue dans la gorge le nivellement fait sur le lit de déjection, on obtient une courbe, dans laquelle les deux premières lois, observées d'abord sur ce lit, ne cessent pas de se manifester. On peut pousser le nivellement, aussi haut que possible, vers la source du torrent, et relever sa courbe tout entière : les mêmes lois s'y rencontrent toujours. — Ainsi se trouve vérifié, pour les torrents, le fait énoncé généralement, dans les premières pages de ce mémoire, savoir : que le lit des cours d'eau formait une courbe concave vers le ciel, et augmentant graduellement de courbure, de l'aval à l'amont.

On peut, en même temps qu'on relève la courbe du lit dans la gorge, prendre la hauteur des berges; on peut aussi prendre le niveau de la plaine, au milieu de laquelle s'étale le lit de déjection. On a de cette manière tous les éléments d'une nouvelle courbe, laquelle donne le relief du terrain, traversé par le torrent. Supposons qu'on ait fait, suivant l'axe du torrent, une coupe longitudinale, où les deux courbes se trouvent rapportées simultanément : voilà une figure sur laquelle on pourra lire, avec une parfaite clarté, la nature de l'action que les torrents exercent sur le sol, dans toute l'étendue de leur cours (1). Dans le haut, la courbe du terrain s'élève au-dessus de celle du lit; dans le bas, elle est au-dessous, par conséquent, les deux courbes doivent se couper, et ce point d'intersection marque le passage de l'affouillement à l'exhaussement. Il est au sortir de la gorge, et au sommet de l'éventail des déjections.

On voit que les eaux, assujetties à suivre d'abord le relief d'un terrain inégal, ont détruit, peu à peu, les irrégularités des pentes. Elles ont abaissé certains points; elles ont relevé d'autres points. Ici, elles ont rongé; là, elles ont exhaussé. Cet angle obtus, formé par le talus de la montagne et le niveau de la plaine, elles l'ont adouci, en le comblant, et elles ont substitué, dans cette partie, une ligne courbe à une ligne brisée. Le résultat de toutes ces actions a été de créer une *courbe de lit* nouvelle, qui convient mieux que le profil primitif du terrain à l'écoulement des eaux.

Qu'on le remarque bien : il ne s'agit pas seulement de la destruction de quelques aspérités, que le frottement des eaux aurait rabotées. Les berges du goulot terminant le bassin de réception sont des gorges, creusées quelquefois jusqu'à 100 mètres de profondeur. (*Chapitre* 3.) Les déjections forment des collines, dont la hauteur au-dessus de la plaine dépasse souvent 70 mètres. (*Chapitre* 4.) C'est par ces chiffres qu'il faut juger des variations énormes que les torrents peuvent introduire dans leurs courbes de lit.

Considérés sous ce point de vue, les torrents sont un sujet

---

(1) Voyez figure 2.

d'utiles rapprochements. Il est impossible de douter que la création de leur courbe de lit ne soit tout entière leur ouvrage. Par là, ils nous permettent d'assister à un phénomène général, qui, dans les autres cours d'eau, est plus difficile à saisir dans son ensemble, et qui, chez eux, ressort vivement, comme une expérience qui serait faite sous nos yeux.

L'eau coule dans le lit d'un torrent d'après les mêmes lois que dans le lit des plus grandes rivières. La courbe du lit d'un torrent n'est pas différente de celle que présente le lit d'une rivière, ou d'un fleuve quelconque, mais dans laquelle on aurait réduit l'échelle des longueurs, en conservant celle des hauteurs. C'est le rapport de l'abscisse à l'ordonnée qui a varié; mais les propriétés caractéristiques de la courbe, ainsi que les lois de sa formation, sont restées les mêmes.

Ainsi les torrents ne présentent pas des phénomènes différents de ceux des plus grands cours d'eau, mais il les montrent sur une échelle qui les exagère. Leur propriété fondamentale, d'affouiller, de charrier, puis d'atterrir, appartient à toutes les rivières; mais dans celles-ci, elle est comme délayée sur une plus grande surface, tandis que les torrents la présentent condensée dans une région très-circonscrite. Ce qui se passe à l'embouchure des fleuves, quand ils rencontrent le niveau des mers, est tout à fait comparable à ce qui se passe dans les torrents, quand ils débouchent dans les plaines; les *deltas* sont de véritables lits de déjection, sur lesquels les fleuves divaguent, de même que les torrents. — D'autre part, les fleuves n'auraient pas de deltas, s'ils n'arrivaient pas chargés de troubles, qu'ils ont pris dans les parties supérieures de leur cours. Ils ont donc aussi leurs bassins de réception, où ils affouillent. Leurs deux extrémités se terminent donc comme celles des torrents. Mais le tronc intermédiaire, c'est-à-dire, le canal d'écoulement, qui n'est presque rien dans les torrents, constitue, à lui seul, presque tout le cours des fleuves.

Une région qu'il faut spécialement étudier dans les courbes de lit des torrents, est celle où commencent les exhaussements, et qui se trouve à l'intersection des deux courbes. C'est là que l'action des eaux change, pour ainsi dire, de signe. Or, il existe là, dans les torrents, des différences peu sensibles, au premier aperçu, mais dont les conséquences sont capitales.

Dans les uns, la continuité de la courbe n'est pas brisée dans ce passage, et les pentes des déjections se raccordent tangentiellement avec celles de la gorge : si bien que rien n'indiquerait sur la courbe, considérée isolément, le point où commence le phénomène de l'exhaussement (1).

Dans d'autres, au contraire, la courbe de lit se brise là d'une manière plus ou moins brusque (2). Ceux-ci nous donnent l'exemple d'un lit dont la courbe n'est pas encore complétement constituée. Les pentes sont imparfaites, et la formation est inachevée. — On prévoit de suite que l'exhaussement, dans de semblables torrents, doit se faire d'une manière très-énergique, tandis que la même action, dans les premiers, se trouve déjà comme tout accompli, n'étant plus provoquée par les mêmes causes, et n'ayant plus le même but à atteindre. C'est, en effet, ce que montre l'expérience.

---

(1) Torrents de *Boscodon*, — de la *Sigouste*, — de la *Béoux;* en général tous les torrents du premier genre qui ont un canal d'écoulement allongé.

(2) Torrents des *Graves*, — de *Pals;* en général beaucoup de torrents du deuxième et troisième genre. On les citera souvent dans le courant du mémoire.

On remarque aussi que, dans les premiers torrents, la pente des déjections est telle que les matières qui y sont apportées s'écouleraient jusqu'à la rivière, si les eaux ne les dispersaient pas en divaguant. On peut s'assurer de ce fait en comparant cette pente à celle d'autres torrents qui, roulant la même nature de matières, ne déposent pourtant plus, par cela seul qu'ils ne peuvent plus divaguer, soit à cause de certains travaux d'art, soit par l'effet de circonstances dues à la nature. — On conçoit d'ailleurs qu'il doit exister une pareille pente pour toutes espèces de matières : nous la nommerons la *pente-limite*.

Dans les seconds, la *pente-limite* n'est jamais atteinte ; elle est encore à créer.

Ces nouvelles observations sont aussi confirmées par l'expérience (1). Tous ces faits, que j'expose le plus brièvement possible, sont importants, et j'aurai besoin de les invoquer souvent dans la suite de cette étude.

---

(1) Figures 5, 6, 7, 8, 9 et 10.

CHAPITRE VI.

RAVAGES DES TORRENTS SUR LES LITS DE DÉJECTION.

Deux causes concourent à former les lits de déjection.

D'abord, le torrent qui sort, chargé de matières, d'un lit encaissé dans la montagne, tombe dans une vallée où les berges lui manquent tout à coup. Là, sa section transversale peut s'étendre sur une largeur presque indéfinie, puisque cette largeur n'est pas autre chose que la longueur même de la vallée. Alors ses eaux s'épanchent dans tous les sens : de là, perte de vitesse et dépôts.

Ensuite le torrent passe de la pente rapide qu'il avait dans la montagne, à la pente douce de la plaine : nouvelle cause de perte de vitesse et de dépôts.

Il y a donc deux causes qui font qu'un torrent dépose des matières dans son lit, et qu'il l'exhausse : — 1° l'élargissement de section; — 2° la diminution de pente. — Ces deux causes sont les seules; de plus, elles sont distinctes, bien indépendantes l'une de l'autre, et cette remarque est essentielle. Dans les torrents, dont le lit de déjection a déjà pris la pente-limite, les dépôts ne se forment plus qu'en vertu de la première cause : on peut donc les faire cesser, en rétrécissant le lit. Sur d'autres torrents, au contraire, où la pente n'est pas encore arrivée à cette limite qui correspond à l'entraînement des matières, celles-ci continueront toujours de se déposer, en vertu de la seconde cause, quoi qu'on fasse pour contenir les eaux.

On voit déjà, par tous ces faits, qu'il est possible d'encaisser certains torrents, et qu'il est impossible d'en encaisser d'autres. — On voit aussi que le succès d'un encaissement, toutes choses égales d'ailleurs, sera d'autant plus assuré que l'abaissement des pentes, à la sortie de la gorge, se fera d'une manière plus continue; car cette continuité est une présomption que la courbe du lit est définitivement créée, et, partant, que les déjections ont pris la pente-limite.

C'est un fait à peu près constant, dans tous les lits de déjection, que les eaux se tiennent sur la région la plus élevée du lit, et en suivent l'arête culminante (1). Cela vient de ce que cette arête, aboutissant au débouché de la gorge, est placée dans le prolongement même de sa direction. Les eaux, qui sortent de la gorge avec violence, suivent pendant quelque temps la ligne que ce premier mouvement leur a imprimée. On conçoit qu'abandonnées à elles-mêmes, sur un lit aussi indéterminé, elles doivent obéir d'abord à leur force d'impulsion. — De là résulte cette singulière disposition : que le profil en travers du lit forme une courbe convexe, dont les eaux occupent les points les plus élevés. Une légère dépression, creusée en forme de lit, leur permet de se tenir en équilibre sur ce faîte (2).

Un autre résultat de cette forme convexe est de faire divaguer les eaux sur toute la superficie du lit avec une mobilité incroyable. Il suffit du moindre bloc, de la moindre

---

(1) Figures 3 et 4.

(2) Cela est surtout remarquable dans le torrent de *Combe-la-Bouze* (Veynes).

touffe de broussaille, placés d'une certaine manière au sommet de l'éventail, pour dévier les eaux, et les jeter sur des points fort éloignés de leur lit habituel, et, partant, fort peu préparés à leur résister. La mobilité du sol même des déjections augmente encore l'instabilité des eaux. Dans ces graviers dénués de cohésion, la moindre cause suffit pour amener de grands changements, et le lit se creuse et se détruit à chaque crue.

La même forme détermine aussi les eaux à déposer, même sur des pentes très-fortes; car, en s'étalant sur des surfaces si larges, elles perdent toute leur vitesse : c'est ce qu'on a vu plus haut. Cette remarque explique pourquoi il se forme encore des dépôts, même dans les torrents qui ont déjà pris la pente-limite.

Quand une route est assujettie à traverser un pareil lit, elle est soumise à de grands inconvénients. Elle est forcée de gravir d'un côté le faîte de l'éventail, puis de s'abaisser de l'autre côté vers la plaine; ce qui l'assujettit à une rampe et à une descente, dont les inclinaisons sont assez fortes. Comme les eaux coulent dans la partie culminante, qui sépare la pente de la contre-pente, c'est là qu'il faudrait établir un pont : or cela est toujours fort difficile, parce que les berges manquent totalement, et qu'elles sont même, en quelque sorte, négatives. D'autres difficultés s'élèvent encore quand on essaye de protéger la route par des défenses : on ne sait comment les enraciner sur ce lit convexe, où les eaux, au moindre obstacle, s'échappent suivant les pentes transversales (1).

---

(1) Comme un exemple de cette difficulté, on peut citer le pont du torrent de *Bel-Air*, à Serres, dont le projet a été remanié par quatre ingénieurs, et n'est pas encore arrêté.

Toutes ces causes concentrent les plus grands maux des torrents dans leurs lits de déjection ; et ceux-ci, par une circonstance malheureuse, se trouvent précisément placés dans les vallées, où les cultures sont les plus précieuses : aussi forment-ils le caractère le plus redouté des torrents. Les dénominations d'un grand nombre d'entre eux se rapportent aux propriétés du cône de déjection : plusieurs même les caractérisent par des termes si énergiques, qu'on n'oserait pas les traduire (1).

Il reste à indiquer les modifications qui altèrent quelquefois la forme générale de ces lits.

Il y a des torrents dans lesquels les cônes de déjection n'ont plus que des formes diffuses (2). Il y en a même dans lesquels ces formes sont complétement oblitérées (3). Cela arrive toutes les fois que le terrain s'abaisse vers la rivière, suivant des pentes à peu près continues, et suffisamment rapides. Si les eaux, qui suivent ces pentes, prennent assez de vitesse pour entraîner leurs matières jusque dans la rivière, et si celle-ci est assez forte pour les emporter, à mesure que le torrent les lui amène, elles ne pourront jamais s'entasser, et le cône ne pourra pas se former. Dans ces torrents, le

---

(1) Torrents des *Graves* (des *graviers*), — de *Combe-la-Bouze*, — de *Rioubourdoux* (ruisseau *bourbeux*) : il y en a plusieurs de ce nom, à *Prunières*, à *Orcières*, à *Barcelonnette*, etc.

Il y a un grand nombre de torrents nommés *Merdanel* ou *Merdarel* (à Saint-Crépin, au Moustier, à Chadenas, à Remollon, à Orcières, etc.). Dans les Basses-Alpes, on a plusieurs *Merdaries*. Ce terme est devenu, dans quelques localités, générique, et l'on dit un *merdanel*, pour dire un *torrent*.

(2) Torrents de *Crevoulx*, de *Bramafam*, de la *Couche*.

(3) Torrents de la *Grande-Queylanne* (à Vitrolles), — de *Mauriand* (à la Grave), — de *Rubioux*, — du *Pas-de-la-Tour*, dans la vallée de l'Ubaye (Basses-Alpes).

lit de déjection est remplacé par un long canal d'écoulement, qui conduit les eaux depuis la gorge jusque dans le
cours d'eau principal.

La courbe du lit s'est formée ici tout naturellement, en
suivant le relief que lui offrait le terrain de la montagne, et
elle n'a pas exigé, pour devenir régulière, que certaines
parties du fond fussent exhaussées.

Ajoutons que les torrents qui sont encaissés ainsi jusqu'à
leur embouchure, et ne présentent pas des lits de déjection,
n'en sont pas moins de véritables torrents. Leur bassin de
réception est très-bien caractérisé ; ils l'*affouillent*, et en
tirent une grande masse de matières, qu'ils entraînent avec
eux, et qu'ils *déposent* ensuite réellement dans un lieu déterminé, qui est le sein de la rivière. Mais ils ne peuvent
plus *divaguer* sur leurs dépôts, parce que ceux-ci sont engloutis aussi vite qu'ils sont formés. Les deux premiers
caractères, qui spécifient les torrents, se retrouvent donc ici,
aussi apparents que partout ailleurs. Et le troisième s'y montrerait de même, si la rivière ne l'avait pas, pour ainsi dire,
effacé après coup.

En général, pour que les déjections se disposent suivant
la forme normale que j'ai décrite, il faut que le torrent les
dégorge dans une plaine, où elles puissent s'étaler en liberté.
Aussi les torrents les plus remarquables par l'étendue et la
régularité de leurs cônes de déjection, sont ceux qui débouchent dans les larges plaines des vallées principales.

Il arrive souvent que plusieurs torrents jettent à la fois
leurs alluvions dans le même lit de déjection, qui leur
devient commun (1).

---

(1) Le lit du torrent de *Boscodon* reçoit le torrent de *Combe-Barre*;
— celui du *Devizet* reçoit le *Réalon*; — celui de *Déoul*, le *Briançon*.

Il y a aussi des torrents qui, au lieu d'aboutir à des cours d'eau principaux, sont reçus par des vallées sèches, ou par des ruisseaux insignifiants. Alors il semble qu'il ne puisse plus y avoir de limite à l'exhaussement (1).

Mais la plupart se déchargent dans des cours d'eau volumineux et rapides. Ils les rejettent sur la rive opposée ; et, quand celle-ci est basse et cultivée, ils deviennent une nouvelle cause de dévastations. Quand cette rive présente, au contraire, des berges solides, la rivière s'encaisse entre elles et les déjections. S'il survient alors dans le torrent une crue subite, qui ne soit point partagée par la rivière, les déjections, arrivant en masse, font barrage ; la rivière gonfle et déborde à l'amont. La même chose arrive encore quand deux torrents se déchargent dans la rivière sur les deux rives opposées, l'un en face de l'autre, et qu'ils débordent en même temps (2). — Mais, au bout d'un certain temps, la rivière, qui travaille sans relâche, finit toujours par balayer les matières. Celles-ci ne pouvant ainsi jamais s'amonceler, il en résulte que les rivières maintiennent à l'extrémité des torrents une sorte de repère fixe, tandis que les autres points de leur lit subissent de continuelles variations en hauteur..

---

(1) Torrents des *Moulettes* (à Chorges), du *Devizet*, de *Saint-Pancrace*, du *Ruisseau-Blanc* (au Lautaret).

(2) Le torrent de *Couleoud* et le torrent de *Pals*, sur la Durance (près du village de Saint-Clément). — Le torrent de *Theus* et celui de *Rochebrune*, sur la même rivière.

Un lac s'est formé, dans le XIIIᵉ siècle, par une cause semblable, dans la plaine du Bourg-d'Oisans.

CHAPITRE VII.

RAVAGES DES TORRENTS DANS LES MONTAGNES.

On comprend de suite de quelle manière s'exercent les dévastations dans la montagne.

Le torrent, qui roule un grand volume d'eau sur des pentes très-rapides, affouille, et ronge avec fureur le pied de ses berges. Celles-ci s'éboulent, et abaissent peu à peu vers le lit les propriétés voisines, que les eaux finissent par engloutir.

Comme les berges sont généralement très-profondes, leur chute entraîne des effets qui s'étendent fort loin. Tout le terrain environnant s'ébranle. Certaines parties, minées par la base, s'affaissent en masse; d'autres glissent; d'autres se crevassent. Le long des deux rives du torrent, on voit courir de larges fentes, dirigées parallèlement au lit. Ces affaissements, ces fentes, cet ébranlement, communiqués de proche en proche, se propagent jusqu'à des distances incroyables, et finissent par embrasser des pans tout entiers de montagnes.

On cite certains quartiers que les érosions des torrents ont rendus tellement mouvants qu'il est impossible d'y asseoir des constructions. Sur la rive gauche du torrent des *Mou-*

lettes, près de Chorges, on voit des maisons appartenant au village des *Andrieux*, qui ont été lézardées à une distance du lit de plus de 800 mètres. — Sur la route n° 94, en face des *Ardoisières*, on a l'exemple d'un revers considérable de montagne rongé par la *Romanche*, et tourmenté par de continuels mouvements. L'instabilité de ce sol a forcé plusieurs familles d'abandonner des chalets, situés à de grandes distances de la rivière. On comprendrait à peine que celle-ci pût être la cause de mouvements aussi lointains, si l'analogie des faits, et d'autres preuves encore, ne l'avaient pas révélé de la manière la plus irrécusable (1).

Il existe des villages entiers, bâtis dans les bassins de ré-

---

(1) A ces exemples, ajoutez : les mouvements du sol dans la montagne de *Saint-Sauveur*, en face d'*Embrun*, provoqués par le torrent de *Vachères*, et par plusieurs autres torrents du troisième genre. — *Id.* ceux du quartier de *Vabriès*, miné par le torrent de *Crevoux*, sur sa rive gauche. — *Id.* de *Villard-Saint-André*, par le même torrent, sur sa rive droite : ce dernier terrain est devenu plus mouvant encore, depuis l'établissement d'un canal d'arrosage. — *Id.* ceux dus au torrent de *Sainte-Marthe*, près de *Caleyères :* un moulin est sur le point d'être abîmé. — *Id.* ceux dus au torrent de *Merdanel*, au-dessus de *Chadenas*, etc....

On remarque encore des mouvements très-violents dans les parties supérieures du *Deviset*, de *Labeoux*, du *Rabioux*, de *Boscodon*, du *Ruisseau-Blanc* (Lautaret), etc., etc.....

J'ai cru devoir multiplier ici les citations, parce que la cause de ces mouvements a été souvent mal interprétée, notamment dans l'exemple cité plus haut, en face des *Ardoisières*. Les habitants l'attribuent à la nature particulière du terrain. N'ayant que cet exemple sous les yeux, ils ne comprennent pas que c'est là un phénomène tout à fait général et commun à tous les torrents.

Ces terrains mouvants sont très-communs dans la vallée du *Drac ;* et quand on remonte aux causes, on trouve toujours quelque érosion constante à leur base. C'est aussi la raison pour laquelle l'ouverture d'une route, en coupant la base des talus, peut rendre mouvants des quartiers qui étaient stables auparavant.

ception, qui sont menacés d'être engloutis de cette manière. Chaque année, le torrent gagne du terrain, et le village lui abandonne quelques cabanes.

Ces faits démontrent la marche envahissante de ces cours d'eau. Peu menaçants dans l'origine, ils grandissent, ils s'étendent, et bientôt ils atteignent les habitations, construites sans défiance à de grandes distances de leurs rives. — Il y avait, avant le treizième siècle, sur les bords du *Rabioux*, près de *Châteauroux*, un monastère habité par des Bénédictins. Plus tard, les moines le désertèrent, dans la crainte d'un engloutissement. Aujourd'hui on en découvre les ruines, suspendues au milieu des berges vives du torrent (1).

Le plus souvent, l'affaissement du sol se fait graduellement, et cette action est d'autant plus lente et plus régulière qu'elle embrasse une région plus étendue. La grande masse de terrain amortit les mouvements, et leur imprime une sorte de continuité. — Mais d'autres fois aussi, le sol se détache, et tombe brusquement, comme par l'effet d'une secousse. C'est ainsi que dans la vallée du *Devoluy*, il y a quelques années, un lambeau de la montagne d'*Auroux*, couvert de champs cultivés, s'abîma, comme un seul bloc, dans la gorge du torrent de *Labeoux*. La commotion due à la chute fut ressentie jusqu'au village de la *Cluse*, et les habitants l'attribuèrent à un tremblement de terre. La cause n'était pas ailleurs que dans l'érosion du torrent, qui avait sapé la base de la montagne.

---

(1) Sont menacés de la même manière : le village de *Lacluse*, par *Labeoux* (Devoluy); — celui des *Hières*, par le *Mouriand;* — celui des *Arvieux*, par les *Moulettes*; — le hameau des *Marches* et le hameau des *Maisonnasses*, par le torrent de *Rousensasse*, rive droite du *Drac* (Champsaur).

Beaucoup de terrains sont formés de bancs parallèles, fortement inclinés vers le thalweg. Souvent une couche interposée, plus soluble ou moins tenace, se décompose par les infiltrations. S'il arrive, en même temps, que le banc soit attaqué par le pied, un poids énorme de terrain se trouve suspendu sans support au-dessus d'un gouffre; la force d'adhésion, très-affaiblie, ne suffit plus pour retenir cette masse et l'attacher au corps de la montagne. Alors elle se détache en entier, et glisse sur la surface de la couche décomposée, comme sur un plan incliné. — On peut remarquer en effet que de pareils glissements se manifestent fréquemment dans certains calcaires du lias, qui se décomposent avec une extrême facilité, et qui affectent la stratification schisteuse. Ce genre de terrain est très-répandu ici.

D'autres terrains ont été formés par les débris des parties supérieures de la montagne; ils composent une masse grossière, sans stratification, et, le plus souvent, sans consistance, qui recouvre le noyau stratifié de la montagne, et forme à sa surface des couches meubles, d'une grande épaisseur. Il est rare qu'un bassin de réception ne comprenne pas dans son enceinte un grand lambeau de cette formation toute moderne, car c'est dans les parties creuses que les débris ont dû rouler et s'entasser de préférence. On conçoit que les érosions qui ont lieu dans de semblables terrains, lorsqu'elles attaquent le fond de berges très-élevées, doivent forcer le sol à se détacher par grandes masses, et les ruptures se font alors suivant des prismes immenses.

Ainsi, c'est dans l'abondance de certains genres de terrains, et dans la composition du sol même de ces montagnes, qu'il faut chercher le secret de la principale puissance des torrents. Cette vérité sera mise dans tout son jour plus bas.

CHAPITRE VIII.

NATURE DES MATIÈRES AMENÉES PAR LES TORRENTS.

J'ai dit que la pente des cônes de déjections variait avec la nature des matières que le torrent y déposait, et qu'elle était à très-peu près constante pour les mêmes matières.

Celles-ci peuvent être divisées en quatre classes :

1° Boue ;
2° Graviers ;
3° Galets ;
4° Blocs.

La *boue* accompagne les alluvions de la plupart des torrents, mais surtout de ceux qui sortent d'un calcaire feuilleté noir, appartenant au lias, et formant les bases de beaucoup de ces montagnes. Dans ce cas la boue elle-même est noire. D'autres fois elle est grise. Dans tous les cas, elle imprègne les eaux et leur communique sa couleur, qu'elle emprunte elle-même aux terrains traversés.

Elle constitue souvent la plus grande masse de l'alluvion. Il arrive alors, et surtout vers le commencement des crues, que les eaux, surchargées de cette boue, coulent sous la consistance d'un liquide épais et visqueux. Elles s'avancent lentement, comme avec peine, se ramifient en plusieurs coulées, et surmontent les obstacles peu élevés qui gênent leur cours, en s'exhaussant derrière eux, par une sorte de remous. — On reconnaît dans cette description la marche des *laves* volcaniques. L'analogie est si frappante que ces sortes d'alluvions portent en effet le nom de *laves* dans ce pays (1).

Cette boue empoisonne toutes les cultures sur lesquelles le torrent la répand. Elle forme, en séchant, une espèce de ciment tenace, qui empêche l'action de l'air sur les racines, et fait périr les arbres. Effondrée et abandonnée pendant quelque temps à l'action atmosphérique, elle devient d'une fertilité remarquable. — Ainsi certains torrents compensent en partie leurs ravages par une action bienfaisante. Ils dissolvent les calcaires durs et stériles, qui forment la substance de ces montagnes, et ils les déposent dans la vallée, convertis en terre végétale. Mais quel pauvre dédommagement à tant de maux qu'ils causent !

Quand les eaux charrient, en même temps que la boue, des galets ou des blocs, il se forme, du mélange de toutes ces matières, une espèce de *béton*, qui prend, par l'action du temps, une grande dureté. Beaucoup de brèches ou de poudingues, dans ce département, ont été formés de cette manière.

La boue se dépose sur des pentes très-variées, suivant que sa dissolution dans les eaux est plus ou moins épaisse.

---

(1) Torrents des *Moulettes*, — du *Devizet*, — de *Sainte-Marthe*. — Tous les torrents de la vallée de *Barcelonnette*, dans les Basses-Alpes, et surtout celui de *Rioubourdoux*; ce genre de déjections y est aussi connu sous le nom de *laves*.

Le *gravier* comprend des pierrailles de toutes natures, depuis la grosseur d'un grain de sable, jusqu'à celle des matériaux servant à l'empierrement des chaussées. Il se dépose sur des pentes qui n'excèdent pas $2\frac{1}{2}$ centimètres par mètre. Ces dépôts sortent principalement des terrains appartenant à la formation des grès verts, qui sont superposés au lias (1).

Les *galets* sont formés par des pierres comprises entre les graviers et les blocs; ceux-ci comprenant toutes les pierres qui ont plus de 25 centimètres de diamètre ou de côté. — Les galets sont plus fréquents dans les lits des cours d'eau qui sortent des terrains primitifs, ou des roches d'émission (2). Ils se déposent sur des pentes qui varient entre $2\frac{1}{2}$ et 5 centimètres par mètre.

Les *blocs*, jusqu'à la grosseur d'un demi-mètre cube, se déposent sur des pentes comprises entre 5 et 8 centimètres. Au delà, ils atteignent souvent des dimensions énormes, et, à cause de cela, on les rencontre sur les pentes les plus rapides. Le torrent les abandonne ordinairement au sommet de l'éventail, et il n'est pas rare de trouver, en remontant la gorge d'un torrent, des quartiers de roc, cubant au delà de 50 mètres cubes. Ceux-ci sont presque toujours tombés des berges mêmes, ou de quelque casse voisine, et le torrent, quelque puissant qu'on le suppose, ne peut guère les porter au loin.

Plusieurs torrents sont exploités comme de véritables carrières, qui ont sur les autres l'avantage de présenter des blocs déjà détachés de la masse, et d'être d'un accès moins

---

(1) Les torrents entre *Briançon* et le *Monestier*, — ceux de *Veynes*.
(2) Torrents du *Queyras*, — du *Champs aur*.

pénible. Il existe même certaines espèces de pierre de taille
qui n'ont pu, jusqu'à présent, être rencontrées ailleurs que
dans les torrents : tel est le beau calcaire saccharoïde, dont
on a fait les sculptures de l'ancienne cathédrale d'*Embrun*,
à une époque antérieure au onzième siècle, et qui n'a pu
être tiré que du torrent de *Boscodon*.

Quant aux blocs qui roulent avec le torrent, et sont mêlés
à la masse de ses eaux, ils deviennent, dans les crues, un
élément nouveau de destruction. Lancés avec violence contre
les obstacles qui heurtent le courant, ils les mutilent, ou les
brisent : c'est ainsi que des ponts en charpente ont souvent
été mis en pièces. Quelquefois ces blocs sont chassés avec
une telle force qu'ils sautent hors du lit, et tombent à droite
ou à gauche sur les rives. D'autres fois, ils s'engagent dans
la charpente des ponts, après que ceux-ci ont été démembrés
par la crue. On peut voir alors, après la retraite des eaux,
des masses cubant au delà de 1 mètre cube, suspendues
en l'air, à plusieurs mètres au-dessus du lit (1). Le phénomène de ces projections sera mieux compris tout à
l'heure.

Ce qu'on appelle *limon* est une boue très-fine, mêlée de
sable fin. Le limon ne se dépose guère dans les torrents,
à moins qu'on ne favorise son dépôt par des ouvrages d'art.
Il est généralement charrié jusque dans les rivières : celles-ci
ne reçoivent ainsi que la partie la plus ténue et la plus ferti-
lisante des alluvions. Voilà pourquoi les alluvions de la *Durance* et du *Buëch* sont si recherchées par l'agriculture. —
Ce limon est encore entraîné par les canaux d'arrosage qui

____

(1) C'est ce que j'ai vu sur le pont du torrent de *Sainte-Marthe*, en
1837, et sur celui de *Chaumatéron*, en 1838.

s'alimentent dans les torrents, et il leur communique des propriétés fertilisantes diverses (1).

On peut demander quelle est la nature géologique des matières déposées par les torrents? — Elle varie avec celle des terrains qu'ils traversent, chaque nature de terrain étant accusée par une nature particulière d'alluvions. — Les torrents facilitent ainsi les recherches du géologue, en amenant sous sa main les débris des terrains, souvent inaccessibles, au milieu desquels ils ont passé (2).

L'examen des matières déposées par les torrents devient important, lorsqu'on les étudie dans le but de les encaisser. — Elles restent après les crues comme des témoins de l'action plus ou moins violente des eaux, et elles donnent une certaine mesure de cette action. Elles ne sont, en effet, guère amenées que par les crues, et les eaux ordinaires ne déposent pas ou déposent peu de matières.

Voyons maintenant de quelle manière se passent ces crues. Il y a encore là quelques phénomènes particuliers qui doivent être connus, pour bien se rendre compte de l'action des torrents.

---

(1) Par exemple, on estime, à cause de leur limon, les eaux dérivées du *Rabioux*, du *Crévoulx*, du *Boscodon*, du *Pals*.

On n'estime pas celles du *Vachères*, du *Bramofam*, du *Sainte-Marthe*. Dans le *Valgodemard*, on préfère la *Séveraisse* au *Drac*.

Ces différences dans les qualités des eaux sont telles que le bourg de *Guillestre* est à la veille de faire des dépenses pour chercher au loin le ruisseau de *Chagne*, tandis que son territoire est traversé par celui de *Rif-Bel*, mais dont les eaux sont moins bonnes.

(2) Voyez la note 3.

CHAPITRE IX.

CRUES DES TORRENTS.

Deux causes provoquent annuellement les crues des torrents :

1° la fonte des neiges, vers le commencement de juin;

2° les orages vers la fin de l'été.

La première cause régit toujours les torrents du premier et du deuxième genre, qui peuvent ainsi subir plusieurs crues, dans le cours de la même année. — La seconde cause produit seule les crues des torrents du troisième genre. Cela vient de ce que leurs bassins de réception ne s'élèvent pas jusqu'à la région des longues neiges.

Généralement, les pluies d'orage donnent lieu à des crues plus dangereuses que les fontes des neiges. Les pluies sont rares dans ces montagnes; mais elles tombent par averses épaisses, à la manière des trombes; leur action est instantanée, et ne peut pas être prévue. — Les neiges ne fondent jamais aussi brusquement : elles produisent des crues plus prolongées, moins soudaines, je dirais presque, moins foudroyantes; elles peuvent d'ailleurs être prévues, car elles arrivent à des époques déterminées, qui sont les mêmes, à dix jours près, pour tous les torrents. — Le torrent de

l'*Ascension* doit son nom à la régularité avec laquelle il déborde, chaque année, vers le jour de l'*Ascension*.

De là vient aussi que la fonte des neiges produit une crue
générale, qui fait déborder à la fois tous les grands torrents
et toutes les rivières. Au contraire, les crues d'orage sont
locales : tel torrent devient furieux pendant que tel autre,
tout à fait voisin, demeure à sec (1). — L'époque de la
fonte des neiges est celle des plus hautes eaux, dans tous les
cours d'eau du département; et pour tous, sans exception,
la saison de l'étiage est vers la fin de l'automne.

Les phénomènes qui accompagnent les crues sont très-
variés. On peut même dire que chaque torrent porte, dans
sa façon de déborder, quelque chose qui lui est propre, et
qui ne se retrouve pas chez les autres. Cela doit être ainsi,
car tous les torrents n'ont pas la même distribution de pente,
et ne traversent pas les mêmes terrains. — On peut remarquer le même fait sur toutes les rivières, dont chacune a son
régime particulier.

Tantôt la crue s'opère graduellement. Les eaux s'enflent;
claires d'abord, elles se troublent de plus en plus, et précipitent leur vitesse, en roulant des pierres, qui se heurtent
avec un bruit sourd. Elles finissent enfin par se répandre au
dehors de leurs berges : alors commencent les ravages et les
exhaussements.

D'autres fois, on voit arriver tout à coup, à la place de l'eau,
cette lave noire, décrite plus haut, et dont la progression lente
n'a plus rien qui ressemble à l'écoulement des liquides.

D'autres fois enfin, le torrent tombe comme la foudre.

---

(1) Par exemple, en 1837, le *Rif-Bel* déborde à *Guillestre* avec une
violence sans exemple, de mémoire d'homme. Pendant ce temps, le
Chagne, tout à fait voisin, reste parfaitement calme.

Il s'annonce par un mugissement sourd, dans l'intérieur de la montagne ; en même temps, un vent furieux s'échappe de la gorge. Ce sont les signes précurseurs. Peu d'instants après paraît le torrent, sous la forme d'une avalanche d'eau, précipitant devant elle un amas de blocs et de broussailles. — L'ouragan qui précède le torrent est accompagné d'effets plus surprenants encore. Il fait voler des pierres, au milieu d'un tourbillon de poussière, et l'on a vu quelquefois, sur la surface d'un lit à sec, des blocs se mettre en mouvement, avant que les eaux ne fussent devenues visibles.

Tous ces faits sont attestés par une foule d'exemples ; il est, je le sens, nécessaire d'en citer.

En 1837, plusieurs voituriers, et un conducteur des ponts et chaussées, sont arrêtés, pendant un orage, au passage où le torrent de la *Couche* traverse à ciel ouvert la route royale n° 94. Le torrent était encore à sec, lorsqu'un tourbillon de poussière descend de la gorge, et devant leurs yeux, des blocs franchissent la route en bondissant.

En 1821, le tablier du pont de Boscodon est balayé par un coup de vent, sorti avec fureur de la gorge du torrent. Les eaux arrivent ensuite, et passent entre les culées du pont décoiffé. — Cet événement eut lieu dix minutes après le passage du préfet, et sous les yeux d'un grand nombre de campagnards, occupés à la moisson. Le préfet, doutant de l'exactitude du fait, en fit venir plusieurs devant lui ; il les interrogea, et forma une espèce d'enquête, qui confirma tous les détails de l'événement, tel qu'il vient d'être rapporté (1).

---

(1) Dans les *Basses-Alpes*, en 1830, un pont construit sur le torrent du *Pas-de-la-Tour*, et élevé de plus de 12 mètres au-dessus du lit, fut emporté de la même manière, avant l'arrivée des eaux.

A *Guillestre*, en 1836, il y eut un épouvantable déborde-
ment dans le ruisseau de *Rif-Bel*, qui traverse le milieu du
bourg. Plusieurs personnes étaient debout près d'un pont,
attentives au bruit qui se faisait dans la montagne, lorsqu'un
bloc énorme, sans aucune cause apparente, est projeté à
leurs pieds, à plus de 4 mètres au-dessus du lit.

Le torrent des *Moulettes*, qui menace le bourg de *Chorges*,
déborde chaque année, et il donne chaque fois l'occasion de
vérifier des faits de ce genre. — En juillet 1838, une petite
pluie, tombée sur les aiguilles de la montagne, avait attiré
les habitants sur la digue du torrent. Bientôt le souffle avant-
coureur fait rouler les blocs avec une telle violence que tous
les curieux se retirent à la hâte. Dans ce moment, la digue
qu'ils viennent de quitter, s'abat, pour ainsi dire, sur leurs
talons : c'était un mur massif, maçonné à chaux et sable, de
2 mètres d'épaisseur et de 5 de hauteur. La rupture se fit
sur une longueur de 25 mètres, avec une détonation qui
fut entendue à plus de 3,000 mètres. Elle souleva un nuage
de poussière, à travers laquelle on vit couler la lave, qui
marcha droit sur le bourg.

Voici un autre exemple, qui démontre combien ces irruptions sont soudaines.

En 1837, le village des *Crottes* est envahi par un petit
torrent du troisième genre, qu'on n'avait jamais redouté (1).
— En un instant, les caves et les rues tortueuses du village
sont inondées de boue et de blocs. Beaucoup de bestiaux
sont étouffés. Plusieurs hommes échappent avec peine à la
mort, et un enfant périt dans une écurie.

Je citerai encore des faits relatifs à la forme d'avalanche
qu'affectent les torrents.

____

(1) Torrent des *Graves*.

Au pont du petit ruisseau torrentiel de *Chaumateron*, en juin 1838, le cantonnier entend le bruit précurseur, et s'éloigne. Au bout de quelques pas, il voit venir le torrent qui roule sur lui-même, s'élance par-dessus le pont, et le franchit. L'élévation du tablier au-dessus du radier était de 5 mètres.

Le village de *Saint-Chaffrey* est traversé par un petit torrent, dont le bassin de réception est creusé dans des gîtes de gypse (1). Il coule sur une pente rapide, et au fond de berges solides, mais peu élevées. A chaque crue, le torrent arrive en un flot très-élevé, qui apparaît au-dessus des berges. Il est formé de liquide épaissi par le gypse, et traîne à sa suite un grand courant d'eau, qui s'écoule avec violence, mais suivant les lois ordinaires.

Je m'arrête à ces exemples : on les multiplierait indéfiniment, car ils se renouvellent chaque année.

Il y a donc dans les débordements des torrents, une action semblable à celle des avalanches. Les habitants la désignent par ce terme : ce n'est pas seulement une image; il y a réellement identité dans les causes, comme il y a similitude dans les effets. — Quand une grande masse d'eau se concentre subitement dans le goulot d'un bassin de réception, lancée sur une pente très-rapide et resserrée dans une gorge profonde, cette masse ne s'écoule plus suivant les règles ordinaires de l'hydraulique. Elle monte de suite jusqu'à une grande hauteur, roule sur elle-même, et descend ainsi la gorge avec une vitesse excessive, bien supérieure à celle du courant d'eau régulier, qui s'écoule devant elle vers l'aval. — Elle doit donc atteindre successivement tous

______

(1) Torrent de *Saint-Joseph*.

les points de ce courant; elle l'assimile à sa propre masse; elle le balaye, et lorsqu'elle débouche dans la vallée, elle arrive chargée de tout le volume d'eau répandu dans le lit du torrent, depuis sa naissance jusqu'à sa sortie de la gorge. C'est en réalité la masse entière du torrent, amoncelée et concentrée instantanément en une seule lame d'eau.

Ce phénomène est identiquement celui des avalanches, à cette différence près que l'eau, fluide dans le premier cas, est à l'état de neige dans le second. — On comprend, par cette explication, le peu de durée de certaines crues. Par exemple, une heure après l'événement de *Chaumateron*, cité plus haut, le lit était à sec, comme il était avant.

Un autre fait non moins singulier est celui de l'ouragan qui précède les torrents. Tâchons aussi de l'expliquer.

Tous les exemples d'ouragan que j'ai pu recueillir se rapportent à des crues d'orages, survenues pendant les chaleurs lourdes de l'été. — Supposons que, par un de ces temps embrasés, si communs, à cette époque, dans cette partie des Alpes, une pluie, une nuée, une trombe s'abaisse sur le bassin de réception : elle verse immédiatement, dans toute l'étendue de cette région, une grande masse d'air froid. Celui-ci, spécifiquement plus lourd que le reste de l'atmosphère, ne peut ni s'élever ni s'étendre, parce qu'il est emprisonné dans l'espèce d'entonnoir, qui constitue toujours la forme du bassin. Il s'échappe alors par le goulot, suivant la ligne de plus grande pente, comme doit le faire tout fluide, précipité au fond d'un milieu dont la densité est moindre. Le phénomène de cet écoulement devient en tout point semblable à celui de l'eau.

Mais une autre cause doit en accélérer prodigieusement la vitesse. — La colonne d'eau, qui tombe dans le bassin

de réception, entraîne avec elle un grand volume d'air
interposé, qu'elle refoule avec violence dans le goulot. Il y
a là une action dont l'énergie est extrême, et qu'on peut
comparer à celle qu'exercent les *trombes d'eau*, qui servent
de machines soufflantes aux usines établies dans les montagnes. Il faut se figurer que l'air sort par la gorge du torrent
comme par le tuyau d'un soufflet de forge gigantesque. Dès
lors, il n'est plus étonnant qu'il produise les effets que j'ai
décrits, et qui tous sont le résultat d'une excessive vitesse (1).

On connaît maintenant les principaux effets des torrents;
passons à l'examen des moyens employés pour les combattre.
On vient de voir des propriétés destructives d'une énergie
extrême : on ne verra, de l'autre côté, que des défenses
incomplètes, sans puissance et sans durée.

(1) Voyez la note 4.

DEUXIÈME PARTIE.

DÉFENSES EMPLOYÉES CONTRE LES TORRENTS.

CHAPITRE X.

DÉFENSES USITÉES DANS LES MONTAGNES.

Je ne parlerai que des défenses qui sont employées dans le pays, en décrivant d'abord celles qui ont uniquement pour but la protection des propriétés.

Elles sont de deux sortes :

1° Les terrains périssant par le pied, on les défend en revêtant celui-ci de murs : on forme ainsi au bas des berges une espèce de digue longitudinale. C'est le premier genre de défense.

Il en existe peu d'exemples sur les grands torrents, probablement parce qu'il a toujours dû paraître insuffisant; et, de fait, il n'a réussi nulle part. Les eaux, encaissées par un mur, ne pouvant plus ronger les berges, rongent avec plus d'énergie le fond. Par cette réaction, le lit se trouve attaqué, affouillé, approfondi, et le mur demeure bientôt suspendu au-dessus d'un gouffre. — On peut citer, comme un exemple de cette action, un mur construit de cette manière sur la rive droite du torrent des *Moulettes*. Les fondations sont aujourd'hui en l'air, à 4 mètres au-dessus des eaux.

2° Le second genre de défense est beaucoup plus rationnel. Il consiste à barrer le lit par des murs de chute, placés à l'aval des terrains que l'on veut protéger.

Ces ouvrages réalisent à la fois deux effets, qui sont tous les deux très-favorables à la défense. D'une part, ils retiennent le fond du lit ; de l'autre, ils brisent la pente des eaux. La première action s'oppose à l'entraînement du terrain ; la seconde amortit la violence du courant. Ainsi, ils n'empê-chent pas seulement les érosions ; ils en détruisent même la cause. Tel est le motif de leur supériorité sur les murs lon-gitudinaux.

Ces barrages sont très-répandus. Ils ont toujours produit d'excellents résultats. Des terrains complétement mouvants ont été consolidés de cette manière.

Il existe au-dessous du village du *Villard-d'Arène*, sur la rive droite de la *Romanche*, un exemple très-remarquable de la fixation d'une vaste étendue de terrain, opérée par la construction d'un seul mur de chute. Une superficie de plus de 4,000 ares, sur laquelle est bâti le village, était disloquée dans tous les sens par les affaissements du sol. La route de Grenoble à Briançon, qui traverse ce quartier, descendait peu à peu dans la rivière. Dans le village, on observait, depuis un temps immémorial, qu'il était impossible de faire tenir aux murs leur aplomb, comme aux planchers leur niveau. Beaucoup de maisons étaient crevassées, et le clocher de l'église penchait d'une manière très-visible. C'est à l'aval de ce terrain que M. Polonceau construisit, sous l'empire, un fort barrage de 8 mètres de chute. Depuis cette époque, le terrain peu à peu s'est raffermi : les mouvements, devenus chaque année plus rares et plus faibles, ont fini par s'éteindre tout à fait.

Ordinairement ces barrages sont construits en pierres sèches. Leur parement, dressé avec le plus grand fruit possible, forme une surface courbe, dont la convexité est tournée vers l'amont : ils opposent ainsi plus de résistance au courant.

Deux causes surtout tendent à les détruire, et doivent être combattues avec soin. L'une est dans l'affouillement qui se fait au pied du mur, par l'effet de la chute ; on le prévient en tapissant cette partie du lit avec de forts enrochements. L'autre est dans l'érosion des berges, aux deux extrémités du mur. Si on ne fait rien pour l'empêcher, elle ouvre peu à peu un passage au courant qui s'y précipite ; le mur est alors tourné, et il périt à la première crue. La courbure même du mur favorise cette action, parce qu'elle tend à rejeter les eaux sur les côtés. Pour la prévenir, on donne au couronnement du mur un profil concave vers le ciel, avec une forte flèche : ce qui attire la plus grande violence du courant vers le milieu du mur et l'éloigne des berges. En outre, on enracine profondément le mur dans les rives, en relevant ses extrémités. Quelquefois même, on l'accompagne de murs en retour, qui garantissent les berges d'amont. — Construits avec toutes ces précautions, les barrages résistent très-longtemps.

Il est assez difficile de fixer avec précision la longueur de rive qui sera protégée par un barrage nouvellement construit. La saillie du barrage au-dessus du fond du lit relève, jusqu'à une certaine distance, tout le fond du lit à l'amont ; mais il ne suffit pas que les pentes soient simplement affaiblies pour empêcher les érosions latérales ; il faut qu'elles soient affaiblies jusqu'à une certaine limite, au-dessous de laquelle

commence l'action défensive, et au-dessus de laquelle la
diminution de vitesse n'est pas suffisante pour la faire naître.
Or cette limite varie avec la nature des terrains.

Quand le terrain que l'on veut protéger embrasse une
trop grande longueur de rive, on divise la pente par une suite
de murs, échelonnés les uns au-dessus des autres (1). Ici
nous tombons dans une disposition qui a été proposée souvent
comme un système général de défense, propre à mettre un
terme aux dévastations des torrents. Nous la reprendrons plus
tard, sous ce point de vue. Pour le moment, où il ne s'agit
que de défendre une portion limitée de rive, je me borne à
la remarque qui suit :

La longueur de rive protégée par un barrage, décroît rapidement, à mesure que la pente du lit augmente. Il suit de là
qu'en remontant le cours d'un torrent, comme la pente va en
s'accroissant, la dépense des barrages, nécessaire pour
défendre une longueur donnée de rive, s'accroît aussi. En
même temps la valeur des propriétés diminue, parce qu'on
s'élève vers des régions plus froides, plus stériles et moins
habitées. Par cette double raison, on aura bientôt atteint
une limite où la valeur des propriétés ne sera plus en rapport
avec la dépense des nombreux barrages qu'il faudrait faire
pour les protéger. Alors ce genre de défense devient inapplicable, si, je le répète, on ne lui demande pas autre chose
que de protéger les terres riveraines.

On n'a jamais employé ici ni les *fascinages*, ni les *palissades clayonnées* qui sont recommandées par Fabre (2), et

---

(1) Ruisseau de *Marigny* sous les murs d'*Embrun*. — torrent des
Graves.

(2) Nᵒˢ 305 et suivants.

qui paraissent convenir parfaitement à cette sorte d'ouvrages. Ce mode de construction serait plus économique.

Les barrages sont fréquemment employés pour assurer les prises d'eau des canaux d'arrosage. Là surtout il importe d'empêcher que le lit ne s'approfondisse, car s'il tombait plus bas que le canal, celui-ci serait tari (1).

------

(1) Barrage sur le *Boscodon* pour assurer la prise du canal de *Saint-Jean.* — Cet ouvrage, en pieux battus et moisés, a coûté 14,000 fr.

CHAPITRE XI.

DÉFENSES USITÉES DANS LES VALLÉES.

Lorsqu'ils se dégorgent dans les vallées, les torrents exercent des effets directement contraires à ceux qu'on observe dans les montagnes, mais non pas moins désastreux. Ils n'emportent plus les propriétés, mais ils les enterrent sous un monceau d'alluvions.

Pour éviter des répétitions, je ne m'étendrai pas sur ces effets.

J'ajouterai seulement qu'ici, de même que dans les bassins de réception, des villages entiers sont à la veille d'être engloutis par les torrents (1). Il faut admettre, ou que la formation de ces torrents est postérieure à l'établissement des villages, ou que ceux-ci, par une inconcevable imprudence, ont été bâtis dans le champ même de leurs dévastations, j'allais dire, jetés dans la gueule même du monstre. Or cette dernière explication, outre qu'elle répugne à la raison, est en-

___

(1) Le village des *Crottes*, menacé par le torrent des *Graves*, — *Chorges*, par les *Moulettes*, — *Abriès*, par le *Boucher* (*Queyras*), — *Saint-Blaise*, par le torrent du même nom, près de Briançon, etc., etc.

Dans l'Isère, le *Bourg-d'Oisans* est menacé par le torrent de *Saint-Antoine*.

core détruite par diverses preuves qui établissent la postério-
rité des torrents. — Cela fait déjà pressentir que certains
torrents sont d'origine récente, et que les causes qui ont pré-
sidé à leur formation, agissent encore de nos jours et peuvent
renouveler sous nos yeux tous les phénomènes accomplis
dans les temps passés.

Voyons quels genres de défense on oppose à ces ravages.

Ils peuvent tous se réduire à deux systèmes :

1° Celui des *épis;*

2° Celui des *digues longitudinales.*

Isolé, un *épi* forme généralement une défense efficace,
quand il s'agit de protéger une portion limitée de rive. Il détourne le torrent et le jette directement sur la rive opposée.
Mais, à cause de cela même, son emploi présente des inconvénients. Rarement il manque son effet, quand il est bien
tracé et bien construit; mais l'effet qu'on désire est toujours
accompagné d'effets hostiles, qu'on voudrait éviter, et qu'il
est difficile de prévoir avec certitude.

On peut incliner l'épi vers l'amont ou vers l'aval. Vers l'a-
mont, l'épi résiste mieux et n'est pas aussi aisément affouillé;
mais il a besoin d'être bien enraciné, ce qui n'est pas toujours chose facile, à cause de la forme convexe du lit. Par ce
motif on l'incline généralement vers l'aval.

Considérons maintenant une ligne de défense formée par
une suite d'épis échelonnés le long de la rive. Dans ce cas,
ils sont constamment inclinés vers l'aval. Ce système de défense, employé depuis longtemps par les gens du pays (1), a

(1) Épis échelonnés sur le torrent de *Vachères,* — sur la *Severaisse*
(Valgodemard), — sur la *Guisanne,* — sur le torrent de *Merdanei,* près
de *Valserres,* etc.

rarement été suivi par l'administration. Une ligne de petits épis, disposés de cette manière, présente au courant une série d'obstacles qu'il ne peut pas franchir, et dans l'intervalle desquels il peut néanmoins jeter ses déjections. En même temps que les eaux relèvent ainsi le terrain de la rive, elles affouillent au pied des musoirs, et s'y creusent des gouffres, qui deviennent pour elles autant de points de passage obligés.

Remarquons que ce mode de défense peut être employé sur les lits les plus convexes, puisqu'il n'exige pas d'enracinement. Il suffit d'incliner les épis vers l'aval, d'une quantité telle qu'il y ait une pente suffisante de la racine au musoir. Il faut aussi les espacer de telle sorte que le courant ne puisse s'échapper par l'intervalle qui les sépare. Remarquons enfin que ce système est plus économique que celui des digues longitudinales; d'abord parce que la longueur des épis rassemblés est généralement moindre que celle d'une digue qui serait construite sur la même ligne; ensuite, parce qu'un épi n'exige pas toute la solidité d'une digue continue, le musoir seul ayant besoin d'être fortifié.

Malgré ces raisons, l'usage des digues continues est plus répandu. Cela tient à plusieurs avantages très-réels, qu'elles présentent dans certaines circonstances. D'abord elles occupent moins d'espace sur le terrain; beaucoup de torrents sont resserrés par les propriétés, et l'on veut éviter, à la fois, de rétrécir leur lit, et de sacrifier aux défenses une partie des héritages riverains (1). Ensuite, dans les cours sinueux, leur tracé est facile et leur réussite est assurée; là, au contraire,

---

(1) Par exemple le torrent de *Sainte-Marthe.*

les épis sont difficiles à disposer, et leur succès est douteux (1). Comme ces deux circonstances sont précisément
celles qui rendent les défenses les plus nécessaires, elles ont
dû rendre aussi l'emploi des digues continues plus fréquent.
Ajoutons que les digues continues valent mieux que les défenses saillantes pour fixer les eaux et s'opposer à leur divagation. C'est ce qu'on verra encore mieux tout à l'heure.

Outre ces deux systèmes, on peut en compter un troisième
formé par la combinaison des deux premiers. Il consiste dans
les *digues éperonnées* (2). — Les éperons sont de petits épis
enracinés dans une digue longitudinale. On peut les incliner
indifféremment vers l'amont ou vers l'aval, ou les dresser
perpendiculairement au courant. Ils garantissent le pied de
la digue, à la manière d'un enrochement.

Tels sont les genres de défenses usités dans le pays, pour
fermer une ligne de rive aux irruptions d'un torrent. — Avant
d'étudier leurs manières d'agir, posons une distinction essentielle. Ces défenses peuvent être appliquées à une seule rive,
ou bien, elles peuvent être appliquées à la fois aux deux rives
opposées. Dans le premier cas, le torrent peut divaguer
librement sur tout un côté de son lit; dans le second cas, il
ne peut divaguer ni d'un côté ni de l'autre, et il est contraint
de passer tout entier entre les deux lignes de défense. Voilà
deux conditions qu'on ne saurait confondre : elles divisent la
question des défenses en deux cas, qu'il faut nettement
séparer :

----

(1) Par exemple, sur le torrent des *Graves*, où la ligne de défense
décrit une courbe brusque.

(2) Digue construite de cette manière sur le torrent de *Rioubourdoux*,
— *Id.* de *Combe-Barre.*

1° Celui de la défense d'une seule rive ; appelons-la *endiguement ;*

2° Celui de la défense simultanée des deux rives opposées, ou de l'*encaissement.*

CHAPITRE XII.

EFFETS DE L'ENDIGUEMENT.

Il existe une propriété, commune à tous les cours d'eau divaguant, et qui résume tous les effets que peut exercer une ligne de défense, établie sur l'une des deux rives d'un torrent. — La voici :

« Toutes les fois que, dans le lit d'un torrent, se présente
« un obstacle résistant, soit une saillie de rocher, soit une
« berge plus escarpée, soit enfin un ouvrage d'art, deux
« effets se manifestent :

« 1° *Les eaux se portent vers l'obstacle, et s'y établissent*
« *invariablement;*

« 2° *Elles se réfléchissent ensuite, en courant vers la rive*
« *opposée.* »

Voilà une double loi qui paraît être ce qu'il y a de plus constant au milieu des perpétuels caprices qui caractérisent ce genre de cours d'eau. Les rivières, les torrents fourmillent ici d'exemples pour l'appuyer.

La première propriété donne aux digues l'apparence d'une sorte de *pouvoir attractif,* qui appelle le courant et le retient à leur pied. On dit ici que les torrents « *aiment à lécher les rochers,* » Il est bien évident que cette prétendue sympathie n'est pas une explication, même quand on lui donnerait le nom scientifique d'attraction. La raison véritable de cette action est dans une autre propriété : c'est que *tout obstacle résistant, placé dans un courant, provoque un affouillement.* On peut ajouter que l'affouillement sera d'autant plus profond que le parement frappé par les eaux sera plus vertical. Il en résulte que les eaux, qui affouillent devant ces obstacles, finissent par y creuser des cavités plus basses que le reste du lit, ou, comme on les appelle, des *gouffres*, dans lesquels le courant se jette ensuite tout naturellement.

Ceci une fois établi, plaçons un obstacle quelconque, une digue par exemple, sur un de ces lits indéterminés, où les eaux divaguent avec une extrême inconstance, et se jettent dans toutes sortes de directions, sans plus de raison d'aller d'un côté que de l'autre. — Avant tout effet produit, il y a autant de probabilité que le courant se portera sur la digue, qu'il y en a qu'il se portera ailleurs. Mais lorsqu'une crue, en répandant les eaux dans tous les sens, les a amenées une fois au pied de la digue, l'affouillement s'opère, et si de suite elles ne s'y établissent pas d'une manière définitive, au moins s'y porteront-elles désormais de préférence à tout autre point. Ainsi, à chaque nouveau contact des eaux, la probabilité d'un contact prochain s'augmente : bientôt on peut affirmer avec certitude que les eaux toucheront constamment la digue, et finalement, qu'elles s'y fixeront sans plus la quitter.

Le fait de la *réflexion* s'observe surtout dans les torrents dont le canal d'écoulement est très-large et très-prolongé. — Ici, non plus, le mot de *réflexion* ne doit pas être pris dans le sens propre au choc des corps élastiques. En général, ce qui renvoie sur la rive opposée le courant qui vient de quitter une digue, c'est qu'ayant affouillé davantage le long de cet obstacle, il dépose davantage dès qu'il le quitte, et ces dépôts tendent à le rejeter d'un autre côté.

Cet effet est souvent favorisé par une circonstance particulière : c'est que les obstacles résistants, la plupart naturels, sont inégalement disséminés sur l'une et l'autre berge du canal. Comme chaque obstacle, en vertu de la loi précédente, devient un point de passage obligé, les eaux vont de l'un à l'autre, en subissant une suite de réflexions apparentes, dont les points d'incidence sont stables, tandis que le courant intermédiaire varie sans cesse. — Le torrent de *Rabioux* est un exemple de cette marche sinueuse du courant. Son canal d'écoulement est très-spacieux, et il se prolonge sur une longueur de plus de 1,500 mètres (1).

C'est dans les digues longitudinales que cette double loi apparaît avec le plus de régularité. Ce genre de défense attire constamment le courant, et le réfléchit ensuite vers la rive opposée, plus ou moins loin en aval (2). — Il ne faut pas en conclure que les digues continues, attirant ainsi les eaux et les déterminant à affouiller, forment toujours une défense

---

(1) J'ai eu sous les yeux un plan de ce torrent, dressé l'an III de la république, et comprenant la partie où il est traversé par la route royale n° 94. — En comparant le cours du torrent, tel qu'il est donné par ce plan, à celui qu'on observe actuellement, on remarque de grandes différences. Ainsi, à cette époque, le courant se bifurquait, et l'auteur du plan proposait l'établissement d'un pont sur chacune des deux branches : ce qui semble annoncer que cette disposition était alors considérée comme stable. Aujourd'hui il n'y a plus qu'un courant unique, et les eaux passent sous un seul pont. — Mais ce qui est remarquable, c'est que deux points d'incidence indiqués sur ce plan, sont exactement les mêmes que ceux sur lesquels le torrent frappe encore aujourd'hui.

(2) Sur tous les torrents.

efficace, quel que soit le torrent sur lequel on les établisse.
Partout, en effet, où les déjections n'ont pas encore pris la
pente-*limite*, l'exhaussement continuera de se produire,
nonobstant l'établissement de la digue, et il finira inévitablement par la surmonter. C'est là un mal sans remède, et
contre lequel tout genre de défense devient impuissant (1).
Comme ce mal constitue la principale difficulté du problème
de l'encaissement, nous allons le retrouver tout à l'heure, et
je ne m'y arrête pas.

Il arrivera seulement ici que l'exhaussement sera moins
rapide devant la digue, où les eaux coulent avec vitesse, que
sur la plage opposée, où leur vitesse s'éparpille et s'amortit (2). De sorte que la première propriété ne disparaît pas,
quoique troublée par de continuelles variations. Aujourd'hui
le torrent amoncellera là où il creusait hier. Dans la durée
de la même crue, il affouillera et il déposera à plusieurs
reprises le long des mêmes parties. Il suffit d'un gros bloc
pour barrer subitement le courant, le jeter ailleurs et combler
un affouillement. Il suffit ensuite que le même accident se
répète sur un autre point pour rejeter le courant dans son
premier lit, et le forcer à balayer les matières qu'il avait

---

(1) Voici des exemples de cet exhaussement : à Chorges, un mur
de 6 mètres de hauteur a été surmonté au bout de quinze ans ; — sur
le torrent de Sainte-Marthe, un perré a dû être surhaussé de 2^m,50
dans l'espace de seize années.

(2) Cet effet continue de se manifester, même dans le cas de l'encaissement. Si le torrent, enfermé entre deux lignes de défense, amène
des matières, il les déposera de préférence vers le milieu du lit, et
relèvera peu à peu cette partie au-dessus du pied des digues. De sorte
que le lit, tout en s'exhaussant, prend une courbure convexe, dont le
point le plus élevé est vers le milieu, et dont les deux points les plus
bas sont aux extrémités. Ce qui est directement contraire à ce qui se
passe ordinairement.

d'abord déposées. Mais en définitive, au milieu de ces oscillations, l'affouillement finit toujours par dominer toutes les perturbations. Souvent même son effet est tel, qu'il rend nécessaire de garantir les digues continues contre les affouillements, sur des lits, où, au premier aperçu, les affouillements sembleraient ne devoir jamais être à redouter (1).

De là résulte encore cet autre effet très-singulier; c'est qu'une digue continue garantit à la fois, et le côté sur lequel elle est établie, parce qu'elle le ferme au courant, et le côté qui lui est directement opposé, parce qu'elle en éloigne les eaux, en les attirant à elle. — Ce fait peut être observé sur une foule de points de la Durance (2).

Les épis produisent des effets moins constants, qui dépendent beaucoup de la manière dont le courant les attaque, et qu'il est assez difficile de prévoir. Si l'incidence du courant se fait au ventre de l'épi, il se portera vers le musoir, en coulant le long de l'ouvrage, comme il ferait le long d'une digue continue; ce mouvement le poussera sur la rive en face. — Mais, le plus généralement, les épis sont placés de telle manière qu'ils déterminent un remous, et par suite un atterris-

---

(1) C'est ce qui est arrivé sur le torrent de *Sainte-Marthe* et sur celui des *Graves*, quoique tous les deux déposent constamment. — Voici un autre exemple fort remarquable : sur le torrent de *Chorges*, qui exhausse son lit avec une rapidité effrayante, un perré, contruit par les habitants contre les prescriptions des ingénieurs, et sans enrochement, a été abîmé par suite d'un affouillement. On croyait que ce torrent ne pourrait jamais affouiller.

(2) A l'Étret, on construisit, il y a dix ans une digue, sur la rive droite de la *Durance*. La digue parut hostile aux propriétaires de la rive opposée, qui en réclamèrent la démolition. Les autres demandèrent qu'elle fût conservée. Pendant que les deux partis étaient en train de s'attaquer, la *Durance* s'accola au pied de la digue, et depuis ce moment elle ne l'a pas quitté : la contestation tomba ainsi d'elle-même.

sement : de là, un effet nouveau : le courant, repoussé loin de la rive qu'il a exhaussée par ses dépôts, s'infléchit au devant de l'épi sans même le mouiller, et s'en va creuser une anse dans le sein de la rive opposée (1).

On voit, d'après tout cela, qu'il est à peu près impossible de défendre une rive, sans attaquer plus ou moins la rive opposée. Si vous construisez des épis, vous repoussez presque toujours le courant sur la portion de rive située en face de l'ouvrage. Si vous construisez une digue continue, vous épargnez la rive en face ; mais vous transportez l'attaque un peu plus loin à l'aval.

D'ailleurs, en y réfléchissant, on découvre une raison générale qui fait qu'une ligne de défense, établie sur une seule rive, sera toujours, quoi qu'on fasse, plus ou moins nuisible à la rive opposée. C'est que les eaux, qui divaguaient naguère sur la surface du lit tout entière, ne peuvent plus divaguer que sur une portion limitée de la même surface ; cette portion sera dès lors plus souvent atteinte par les eaux. Cet effet est inévitable, car, par cela même qu'on a empêché le courant de pénétrer dans l'enceinte de la défense, on l'a forcé de se diriger ailleurs ; et la probabilité que tel point de la rive opposée sera touché s'augmente par l'impossibilité où sont les eaux de suivre un grand nombre de directions, qui, avant l'établissement de la défense, les auraient éloignées de ce point.

Il y a donc un caractère d'hostilité qui s'attache inévitablement à toutes espèces de défenses. — C'est ici le lieu d'examiner la législation qui intervient pour l'empêcher, ou pour l'assujettir à des indemnités.

----

(1) Cette manière d'agir des épis est la plus ordinaire, et c'est alors qu'ils réussissent le mieux.

CHAPITRE XIII.

LÉGISLATION DES TORRENTS.

Lorsqu'une rive d'une certaine étendue est ravagée par un torrent, les propriétaires se réunissent et constituent un syndicat. Une demande est adressée au préfet; celui-ci commet un ingénieur des ponts et chaussées pour examiner le terrain, et, s'il y a lieu, pour dresser le projet des ouvrages propres à défendre la rive. Le travail s'exécute par voie d'adjudication; l'ingénieur en surveille la construction et il en prononce la réception. Les frais sont ensuite répartis entre les intéressés, conformément à un rôle dressé par les syndics.

Toute cette marche est tracée par un décret spécial, qui soumet les torrents à un régime particulier et les place sous la surveillance immédiate de l'administration (*Décret du 4 thermidor an VIII*) (1).

Ce décret a rendu de grands services au département, parce qu'il a assujetti à une règle une foule d'ouvrages qui se construisaient autrefois au hasard, et se nuisaient réciproquement. S'il n'a pas donné tous les fruits qu'on devait espé-

______

(1) Voyez la note 5,

rer, il faut s'en prendre à l'esprit d'hostilité qui anime ordinairement les propriétaires des rives opposées. Cette malheureuse division les détourne de se réunir, pour faire en commun un encaissement complet : ce qui serait le seul moyen de rendre les défenses parfaitement inoffensives, et partant d'en tirer le plus grand avantage possible.

Le décret du 4 thermidor a principalement abouti à multiplier les endiguements d'une seule rive. Or, d'après ce qu'on vient de voir, cette défense, de quelque manière qu'on la dispose, est toujours plus ou moins hostile à la rive opposée, et l'effet bienfaisant, toujours suivi d'effets nuisibles, qui fomentent les haines et les procès.

Quel doit être, dans cette circonstance, l'esprit de l'administration?

Parce qu'il est impossible à une rive de construire des défenses, sans donner à la rive opposée, sinon le droit, au moins le prétexte plus ou moins fondé de se plaindre, s'ensuit-il qu'on ne doive jamais autoriser une rive à se défendre, sans l'assujettir à indemniser la rive opposée? — Non; mais il s'ensuit seulement que si l'administration accorde cette autorisation à l'une des rives, elle doit toujours l'accorder implicitement à la rive opposée; car, de cette manière, tout devient égal des deux côtés. — C'est là en effet ce qui se fait toujours. Aussitôt qu'une demande d'endiguement est adressée à l'administration, elle fixe dans un plan la direction à donner à l'axe moyen du torrent, et elle trace la ligne des défenses sur l'une et l'autre rive. Ce plan embrasse le cours du torrent sur une grande longueur; il ne détermine pas seulement l'alignement demandé par les pétitionnaires, mais l'alignement de toutes les défenses voisines, que les premiers ouvrages pourront rendre nécessaires. Il fixe le tracé de l'*encaissement* complet du torrent, et l'alignement pétitionné ne devient plus ainsi que l'extrait d'un plan d'alignement général. Ce plan, déposé au chef-lieu de la commune et soumis à l'inspection de tous les intéressés, sert de base à une enquête *de commodo et incommodo.*

Toutes ces dispositions étant ainsi prises, l'administration peut dire aux réclamants :

« De quoi vous plaignez-vous? De ce que j'ai permis à la
« rive opposée de se défendre? Mais je vous donne à vous-
« mêmes la même faculté. Pourquoi n'en usez-vous pas?
« Vous avez sous les yeux le plan des lignes de défense : dé-
« fendez-vous en vous y conformant, de même que l'autre
« rive s'y est conformée. — Parce que vous vous endormez
« sur le mal, d'autres propriétaires, moins imprévoyants
« que vous ou plus maltraités, seront-ils réduits à se laisser
« ruiner par le torrent, sous le prétexte qu'en se défendant,
« ils vous obligent à vous défendre de votre côté? »

Mais ici se présente une nouvelle difficulté. La loi veut que toutes les questions d'indemnité, qui suivront l'établissement d'une entreprise quelconque sur les cours d'eau, soient portées devant les tribunaux civils. L'administration n'intervient ainsi que comme autorité réglementaire, et les juges ordinaires restent maîtres de toutes les questions de propriété (1); ce qui, du reste, est conforme à l'esprit général de notre législation.

D'après cette disposition, l'administration qui autorise un propriétaire à se défendre, qui lui trace les ouvrages à faire, qui en surveille elle-même l'exécution, ne le sauve pas pour

―――――

(1) Voir le *Dictionnaire* de **M.** *Tarbé de Vauxclairs,* article *Cours d'eau.* — Voir le *Cours* de **M.** *Cotelle.*

cela d'une poursuite devant les tribunaux. Or quelle marche suivront ceux-ci? Ils feront constater par des experts s'il y a eu réellement des dommages causés, et quels sont ces dommages. En vertu d'un pareil mandat, les experts ne pourront pas se refuser à les reconnaître, ni à les évaluer, puisque, de fait, ces dommages existeront presque toujours. Sur ce rapport, le propriétaire le mieux autorisé pourra être condamné à payer de fortes indemnités.

Élevons-nous un instant au-dessus de la lettre de la loi, qui du reste, sur ce point, est loin d'être claire. — N'est-il pas évident que des jugements rendus dans un pareil esprit, qui semble au premier aspect conforme aux règles ordinaires de la justice, sont au fond souverainement iniques? Quoi! ma propriété est à la veille d'être anéantie! Elle n'a plus de valeur, elle n'existe plus qu'à la condition d'être défendue! Je demande à me défendre; je me soumets à tout ce qu'on exige de moi pour ne pas rendre ma défense offensive, et vous me condamnez, parce qu'il n'a pas dépendu, ni de moi, ni de l'administration, qu'elle ne le devînt pas!...

Quels seraient, en fin de compte, les résultats d'une semblable justice? — De forcer les propriétaires, qui se proposent de défendre leur rive, à indemniser en même temps la rive opposée, s'ils ne veulent pas être traînés dans d'interminables procès. A ce prix-là, personne ne consentirait à se défendre; de sorte que, loin de sauvegarder la propriété, de pareils jugements lui sont au contraire directement opposés. Les héritages, qu'on semble d'abord protéger aujourd'hui, périront eux-mêmes demain, victimes du même principe, si demain, par un caprice du torrent, ils ont besoin à leur tour d'être défendus.

La distinction établie par la loi entre les ouvrages hostiles et les ouvrages inoffensifs, est à peu près chimérique, puisqu'elle ne définit pas ces ouvrages en eux-mêmes, mais seulement par leurs effets, et que ceux-ci, ne variant que du plus au moins, sont au fond toujours les mêmes. — On ne peut sortir de ce vague qu'en posant un principe, qui serait, je crois, celui-ci :

« Une défense établie sur une des rives ne sera jamais « considérée comme hostile, toutes les fois qu'elle consistera « en *une ligne de défense longitudinale, tracée parallèlement* « *à l'axe moyen du torrent, à une distance de cet axe, au* « *moins égale à la moitié de la largeur qui conviendrait à* « *son encaissement.* »

Ce principe, une fois admis, fixerait les doutes, et des ingénieurs chargés de tracer les défenses, et des juges chargés de se prononcer sur leur caractère d'hostilité, que la loi laisse dans l'indétermination. Dès lors tout deviendrait clair.

Je sais bien qu'on objectera la législation des usines, qui, sur ce point, est formelle. L'ordonnance royale, qui autorise leur établissement, énonce toujours qu'elle soumet le concessionnaire à tous les recours des riverains devant l'autorité judiciaire. —Mais l'établissement d'une usine peut-il bien se comparer à la défense d'une propriété, et ce qui est juste dans un cas, est-il encore juste dans l'autre? Ici je ne vois qu'une spéculation, utile à encourager, mais dont celui même qui en profite peut se passer. Au contraire, les digues sont une chose essentielle à la conservation même de la propriété riveraine, sans laquelle elle cesserait d'être, et dont toutes ont besoin à leur tour. Les défenses portent donc un double caractère de nécessité et de généralité que n'ont point les usines. S'il résulte de leur établissement quelques inconvénients, il faut les accepter comme une servitude, qui pèse également sur tous les riverains, qu'il convient à l'administration seule de régler, et que le commun accord de tous les propriétaires suffirait pour rendre, non pas seulement inoffensive, mais salutaire et bienfaisante.

CHAPITRE XIV.

MODE DE CONSTRUCTION DES DÉFENSES.

On emploie dans les défenses les cinq genres de constructions suivants :

1° Perrés;
2° Murs à chaux et sable;
3° Murs à pierres sèches;
4° Chevalets;
5° Coffres.

1° Les *perrés* sont employés de préférence dans les digues
longitudinales. Les *maçonneries à chaux et sable* s'emploient
également dans les digues et dans les épis. Les trois dernières
constructions ne s'appliquent guère qu'aux épis.

Les levées en perré sont formées d'une chaussée en terre,
dont le couronnement a de 2 à 3 mètres de largeur, et s'é-
lève de 2 à 3 mètres au-dessus du lit du torrent. Le talus du
côté des eaux est revêtu par un perré incliné à 45 degrés, et
fondé de 1 mètre à 1^{m}.50 dans le lit. Le talus opposé est celui des terres coulantes. Le perré est construit avec de gros
matériaux dont la queue varie de 40 à 75 centimètres.

Quand on redoute un affouillement, on protège le pied du

perré par un enrochement. Celui-ci est formé des blocs les plus volumineux possible, et dont chaque échantillon doit être supérieur à un cube minimum prescrit. On les pose à la main, comme une véritable maçonnerie sèche, et la surface extérieure est dressée avec le même soin que celle du perré. Elle suit une courbe arrondie qui part horizontalement du pied du perré, et pénètre dans le sol suivant une tangente verticale. On donne ordinairement à l'enrochement 3 mètres de largeur sur 2 mètres de profondeur (1).

2° Les *murs à chaux et sable*, sans enrochement, étaient fréquemment employés autrefois. Jusqu'à ce jour on regardait ce genre de construction comme étant plus solide que tous les autres. Cela est tout au plus vrai pour les épis, et cela n'est plus vrai pour les digues longitudinales. — On peut constater, sur beaucoup de points, que de pareilles digues construites à chaux et à sable, ont été renversées, là où les perrés ont tenu (2). Quand le torrent creuse, le perré résiste mieux qu'un mur, parce que son inclinaison diminue la violence de l'affouillement. Quand le torrent exhausse, le perré est encore préférable pour deux motifs. D'abord, il soutient mieux la poussée des matières qui s'entassent dans le lit; ensuite il peut être exhaussé sans difficulté, à mesure que le lit lui-même s'exhausse; un mur ne présente pas la même facilité, parce qu'en le surhaussant on l'affaiblit. — Ce dernier avantage est surtout d'un grand prix. Beaucoup de

---

(1) Voyez la figure 11.

(2) Sur le torrent de *Théus*, la rive droite est endiguée par un perré, la rive gauche par un mur. Le perré résiste; le mur est très-souvent avarié; et chaque fois qu'on y répare une brèche, on remplace aujourd'hui la portion du mur éboulé par une portion de perré, et celle-ci tient bon.

— Sur le torrent de *Réalon*, même fait.

défenses sont provisoires, parce qu'elles n'empêchent pas l'exhaussement du lit (*chapitre* 12). Dans ce cas, c'est une grande ressource de pouvoir suivre avec les travaux l'exhaussement graduel du lit, et d'opposer à l'action continue du torrent, des ouvrages qui soient eux-mêmes faciles à continuer (1).

Les perrés, sous tous ces rapports, sont donc préférables aux murs à chaux et à sable. Sous le rapport de la dépense, les perrés ont encore l'avantage, car ils coûtent beaucoup moins que les murs. Ces considérations doivent faire proscrire décidément dans les digues continues l'emploi des murs, dont la préférence reposait sur une erreur.

Dans les épis, l'emploi des murs à chaux et à sable est mieux entendu. Ils peuvent être mouillés sur toutes leurs faces, sans se dégrader ; les eaux peuvent même les submerger sans inconvénient : ces circonstances se présentent quelquefois dans les épis, et seraient fatales à une levée en perré (2).

3° Les murs à *pierres sèches* ne diffèrent des murs maçonnés à chaux et sable, que parce qu'ils sont moins solides et plus économiques. Ce dernier motif les fait employer fréquemment.

4° Les *chevalets* sont des cadres triangulaires formés par trois pièces de bois, dressés suivant un talus, et soutenus par une quatrième pièce, qui s'assemble au sommet du triangle, et s'enfonce par l'autre extrémité dans le sol. Cette forme est

---

(1) On exhausse depuis quinze ans le perré de *Sainte-Marthe*, sans en diminuer la solidité. — Sur le torrent de *Chorges*, à force d'exhausser un mur, on l'a affaibli, et il a été renversé en partie.

(2) Épi de *Baratier*, construit depuis plusieurs siècles ; — épi sur le *Rabioux*, près du moulin *Ferrary ; —* épi sur le torrent de *Bramafam*.

celle d'une pyramide triangulaire, couchée sur le sol, et dont la base, figurée par le cadre, est opposée à l'eau. Le cadre est renforcé par des fascines, des épines, des branches d'arbre et des blocs. — Les chevalets ne peuvent servir qu'à défendre de petites portions de terrain (1).

5° Les *coffres*, comme l'indique leur nom, sont des caisses allongées, en forme de parallélipipède, dont les arêtes sont en grosses pièces de bois, et dont les faces sont fortifiées par des blindages. L'intérieur est rempli de pierres sèches. — Ces caisses sont placées dans le lit comme de petits épis. Elles résistent par leur poids. Il arrive fréquemment que le torrent les déplace en les culbutant, sans les détruire; d'autres fois il les vide en les affouillant (2). — Ce genre de construction a de l'analogie avec les caissons employés sur de grandes échelles dans les travaux hydrauliques.

Ces deux derniers genres de défenses sont très-répandus. — Ils ne constituent qu'une défense provisoire et leur champ d'activité est très-circonscrit. Les grandes crues les détruisent souvent; mais leur construction est simple et peu coûteuse, de sorte qu'ils sont rétablis aussi vite qu'ils sont emportés. Par leur aide, chaque propriétaire pauvre peut se garantir

---

(1) On en voit sur tous les torrents. C'est la défense la plus commune. Il serait possible d'en tirer très-bon parti, en la perfectionnant.

(2) Épis en coffre sur le torrent de *Vachères*, — sur celui de *Bramafam*. — *Fabre* décrit ce genre de construction sous le nom de *Digues en encaissement :* «Ces digues, dit-il, sont particulièrement usitées dans « les pays de montagnes, à cause de la grande rapidité de leurs rivières. « Dans le département des *Basses-Alpes*, elles sont connues sous le nom « d'*arches*, dénomination tirée du mot latin *arca*, qui signifie un *coffre*. » (N° 382.)

isolément, sans presque d'autres dépenses que celles de son temps et de sa peine.

Je n'ai vu ici aucun emploi ni des *chevrons*, recommandés par *Fabre,* ni des *fascinages,* qui ont tant de succès sur d'autres cours d'eau.

CHAPITRE XV.

ENCAISSEMENT DES TORRENTS.

J'aborde maintenant le problème de l'*encaissement*.

L'encaissement peut se faire de deux manières : soit en resserrant le torrent contre une berge naturelle, soit en l'endiguant sur les deux rives. Dans le premier cas, qui est celui de plusieurs localités, l'encaissement est le résultat d'un simple endiguement (1) : mais les effets sont, en tous les points, semblables à ceux que produirait l'endiguement simultané des deux rives. Il est donc inutile de les distinguer.

Trois choses sont à considérer, lorsque, étant donné un torrent, on se propose de l'encaisser :

1° La section à donner à l'encaissement;

2° La direction à donner à l'axe du cours;

3° La pente à lui faire suivre.

Ces éléments sont relatifs, le premier, au profil transversal de l'encaissement, le second au plan, et le troisième au profil en long. — Ils doivent être déterminés, tous les trois,

---

(1) Le torrent des *Moulettes* à Chorges, — le torrent des *Graves*, aux Crottes, — le torrent de *Réalon*, près de son confluent.

par une condition générale, qui est à peu près la seule à considérer, tant elle est importante, tant elle plane au-dessus de toutes les autres. Cette condition unique, c'est que *le torrent, une fois encaissé dans le chenal, n'exhausse pas*.

En effet, nous sommes ici sur les lits de déjection, où le torrent arrive gorgé de matières, où les pentes cessent d'être excessives, et partant, où il sera toujours possible de résister à l'affouillement. L'exhaussement serait au contraire un mal sans remède, auquel on ne pourrait appliquer que des tempéraments provisoires, qui le retardent, mais ne l'arrêtent pas. Ainsi l'affouillement est la circonstance la plus heureuse qui puisse se présenter, et, loin de le redouter, il faut le provoquer par tous les moyens possibles.

Pour déterminer la *section* d'après ces principes, on voit qu'il est surtout essentiel de ne pas lui donner trop de largeur (1). Dans une section trop large, il y aurait un double mal : le torrent y déposerait : ensuite, il y divaguerait, en frappant d'une digue à l'autre ; c'est-à-dire, qu'il surmonterait ses digues, en même temps qu'il les ruinerait par le choc de ses eaux.

---

(1) La même remarque a été faite par M. de *Montluisant* dans son Mémoire sur les endiguements (*Annales des ponts et chaussées*, tome VIII, page 287). « L'aspect effrayant du lit des torrents ne doit pas faire « préjuger un volume d'eau trop considérable en rapport avec la vaste « étendue des terrains submergés. Il faut jauger le volume d'eau aussi « bien que possible, et ne pas craindre ensuite de réduire le nouveau « lit, s'il doit être encaissé, à la faible largeur nécessaire pour le débit « des plus grandes eaux. La détermination de cette largeur demande « de longs détails..... Il nous suffira de dire, comme résultat d'une « longue expérience, qu'une trop grande largeur a les plus graves in- « convénients, et que *l'endiguement des torrents est soumis à de nombreuses* « *considérations, importantes et délicates, qui méritent toute l'attention des* « *ingénieurs.* »

Il n'y a rien de mieux à faire, pour déterminer la section, que de remonter le torrent jusqu'à son canal d'écoulement, d'y relever des profils en travers, et de les comparer entre eux. On formera ainsi une section moyenne qui pourra être celle à donner à l'encaissement. — Il faut encore comparer cette section à celle des torrents analogues à celui que l'on étudie, et prise dans les parties où ils sont encaissés, soit naturellement, soit par des ouvrages d'art.

Je passe au second élément : le *tracé de l'axe du torrent*. — La règle est ici toute simple. Le tracé doit être rectiligne en entier, s'il est possible : sinon, s'écarter le moins possible d'une ligne droite moyenne. En redressant les sinuosités du lit primitif, on réalise deux effets : on augmente la pente, et on détruit les pertes de vitesse, qui sont toujours le résultat d'un changement de direction; on a donc doublement contribué à accélérer la vitesse de l'écoulement, et par conséquent, à empêcher l'exhaussement.

Reste l'élément de la *pente*. Celui-ci ne dépend pas de nous : il est imposé par le talus naturel du lit, et aucun artifice ne parviendra à l'augmenter au delà d'une certaine limite, laquelle est donnée par la ligne droite, qui serait tirée de la gorge à l'embouchure. Si les déjections n'ont pas déjà formé elles-mêmes la *pente-limite*, on ne peut pas songer à la créer. Reste à découvrir quelle est cette *pente-limite*, qu'il est si important de connaître, pour être assuré du bon succès des dépenses qu'on veut appliquer à un encaissement.

Une première donnée résulte de l'examen des matières déposées par le torrent. On a vu ailleurs quelles sont les limites des pentes qui correspondent au dépôt des différentes natures d'alluvions. — On peut, par exemple, admettre que le gravier sera toujours chassé dans un chenal, dont la pente serait de 3 centimètres par mètre : ce qui dépasse la limite supérieure, résultant de l'observation des pentes d'un grand nombre de lits, formés par des dépôts de gravier (1).

Mais plusieurs considérations rendent cette donnée moins positive qu'elle ne paraît l'être, au premier aperçu.

D'abord, qu'on se rappelle ce qui a été dit au sujet des *laves*. Celles-ci se déposent sur toutes sortes de pentes. — Ainsi les mêmes matières, amenées par une eau de plus en plus boueuse, se déposeront sur des pentes de plus en plus rapides, et il serait difficile de fixer une limite précise, qui fût sûre sans être exagérée (2).

Ensuite l'examen des matières déposées dans le lit n'enseigne rien sur la manière dont elles y ont été amenées, et cette manière est pourtant importante à connaître. On n'a devant les yeux que les traces d'un phénomène déjà accompli; on ignore ce qu'est le phénomène en action. Il est certain, par exemple, qu'une action plus prolongée et moins violente serait, dans le cas de l'encaissement, beaucoup moins à redouter qu'une action subite et de courte durée, qui jetterait inopinément dans le chenal une masse énorme de matières. Pourtant le résultat des deux actions pourrait être le même, si elles amènent dans le lit le même cube d'alluvions. La seule différence est dans la durée de l'action, et cet élément n'est pas donné par l'inspection des matières. Pour être fixé

---

(1) Par exemple le torrent de *Glaisette* à *Veynes*, qui roule du gravier, a été encaissé avec succès sur une longueur de 800 mètres; sa pente est de 0^m,025 par mètre. — Le torrent de *Théus*, qui roule des galets et quelques petits blocs, a été encaissé avec succès sur une pente de 0^m,05 par mètre.

(2) A *Chorges*, la lave se dépose sur une pente de 0^m,08. — Sur le *Devizet*, la pente du dépôt est encore plus forte

sur ce point, il faudrait avoir assisté soi-même à une crue; sinon il faut en admettre le récit, tel qu'il est fait par des témoins dignes de confiance.

Quelquefois aussi les matières sont apportées par une très-petite quantité d'eau, qui n'a plus la force de les pousser, une fois qu'elle est sortie de la gorge, lors même qu'elle tombe sur des pentes rapides (1).

Une autre considération est dans la direction que l'on pourra donner au torrent encaissé : si elle est rectiligne, elle favorise l'entraînement : tourmentée et sinueuse, elle provoque des dépôts.

Une donnée non moins essentielle résulte de l'inspection du bassin de réception. C'est de là que sort le mal : c'est donc là qu'il faut l'étudier. — Il y a de ces bassins qui sont dans un si épouvantable état de décomposition, dont les berges sont tellement pendantes, et les rives tellement crevassées, que leur seul aspect suffira pour anéantir toutes les espérances qu'on aurait fondées sur l'encaissement des parties inférieures.

On a vu que certains torrents se déchargeaient dans des vallées sèches, ou dans des ruisseaux trop faibles pour emporter leurs alluvions. Il est clair alors que ceux-ci s'accumulant toujours, il ne peut plus y avoir de limite à l'exhaussement.

La place où se pratique l'encaissement peut donner, sur différents points d'un même lit, des résultats variés. Il réussira généralement mieux à l'extrémité du lit, près du confluent,

---

(1) Tels sont les torrents blancs, qui finissent par déposer sur des talus de 3 mètres de base sur 2 mètres de hauteur, c'est-à-dire sur des pentes de 0ᵐ,66 par mètre.

qu'à la sortie même de la gorge (1). Cela vient de ce que la *pente-limite* commence à s'établir près de l'embouchure du torrent, où la rivière maintient un repère stable, et qu'elle remonte de là peu à peu vers la gorge. Il peut se faire que l'exhaussement ait cessé complétement dans la première partie, tandis qu'il continue encore de se manifester au débouché de la montagne.

Enfin, il arrive quelquefois que plusieurs de ces motifs se réunissent dans le même torrent pour provoquer des exhaussements, sur les mêmes pentes où d'autres torrents, semblables en apparence, n'exhaussent plus. — Par exemple, le torrent de *Sainte-Marthe* dépose le long d'une digue, sur une pente de 0,065 : le torrent de *Boscodon*, avec la même pente, affouille au pied d'une autre digue. Les galets et les blocs, amenés par tous les deux, sont à peu près du même volume. A quoi tient cette différence ?

1° Les blocs, dans le torrent de *Sainte-Marthe*, sont enchâssés dans une boue épaisse ; dans celui de *Boscodon*, il y a peu ou point de boue ;

2° Le cours du premier est sinueux ; celui du second est rectiligne ;

3° Dans le premier, les matières tombent brusquement dans le lit de déjection : dans le second, elles y sont amenées à travers un canal d'écoulement prolongé.

Prenons encore le torrent des *Moulettes* à *Chorges*, qui

---

(1) C'est ainsi que le torrent de *Labéoux* a été encaissé avec succès près de son confluent, entre deux digues longitudinales, l'une de 800, l'autre de 200 mètres.

exhausse sur des pentes de 0,07 à 0,08 ; cela tient aux causes suivantes :

1° Il amène des laves ;

2° Il se décharge dans une vallée sèche ;

3° Il charrie beaucoup de matières, avec une petite proportion d'eau ;

4° Les matières arrivent brusquement, le canal d'écoulement étant très-court.

On voit qu'il y a là beaucoup de considérations décousues, sans aucun précepte général. Parmi ce grand nombre de causes qui se superposent pour produire les mêmes effets, il est difficile de démêler si l'une agit plus spécialement que les autres, ou bien, préexiste à toutes les autres. —Après y avoir longtemps réfléchi, je ne crois pas qu'il soit possible de poser une règle générale et simple, qui établisse de suite qu'un torrent a, ou qu'il n'a pas, la *pente-limite*. Ces règles absolues sont séduisantes, mais elles sont rarement vraies. Voici les seuls caractères que j'oserais avancer, non pas comme étant infaillibles, mais, au moins, comme étant le plus rarement en défaut :

1° *Les torrents qui ont un canal d'écoulement prolongé, et dans lesquels la courbe de lit est continue, dans le passage de ce canal au lit de déjection, ont la pente-limite.* — Par conséquent, ils pourront être encaissés.

2° *Les torrents dont la courbe de lit se brise dans le même passage, ont des pentes imparfaites.* — Par conséquent ils exhausseront, quoi qu'on fasse pour les encaisser (1).

---

(1) Je n'ai pas besoin d'avertir que ces deux règles cesseraient d'être exactes, si, à leur énoncé direct, on substituait l'énoncé réciproque. Il n'est pas vrai, par exemple, que tous les torrents qui exhaussent pré-

Je crois qu'il n'est guère possible de formuler quelque chose de plus positif sur cette question. Les conditions indiquées par ces deux règles sont celles qui reparaissent le plus régulièrement, au milieu d'une multitude d'autres, qui s'effacent, se substituent l'une à l'autre, et ne semblent pas former, comme celles-ci, quelque chose de constant et de général, ressemblant à une loi.

La triste conclusion de tout ceci c'est que l'encaissement n'est pas toujours possible. Le torrent de *Chorges*, déjà cité si souvent, peut encore servir ici d'exemple à cette vérité, bien propre à discréditer tous les systèmes de défenses employés jusqu'à ce jour. Depuis vingt années, les habitants entassent digues sur digues pour défendre leur bourg et leurs champs contre les envahissements du torrent. Des sommes considérables dorment dans ces travaux, que les eaux aujourd'hui renversent ou surmontent de toutes parts. L'encaissement du lit, loin de favoriser l'entraînement des matières, n'a fait que rendre l'exhaussement plus prompt, parce que les dépôts, resserrés dans une plus petite largeur, ont crû d'autant plus vite en hauteur. Le bourg est maintenant à la veille d'une catastrophe, qui semble inévitable.

Il y a des personnes qui disent que des digues, établies sur de semblables lits, épuisent inutilement la bourse des riverains, et qu'il vaut mieux laisser aller le torrent comme il lui plaît.—Il est très-vrai que, dans des cas pareils, on ne peut guère espérer un autre fruit de tout l'argent consacré aux défenses, que celui de retarder l'invasion pendant un certain

---

sentent nécessairement une discontinuité, au point d'attache du cône de déjections. Mais il est toujours vrai que les torrents, qui présentent cette discontinuité, exhaussent.

temps. Mais n'est-ce pas déjà là un bienfait très-réel? Combien d'ouvrages n'ont qu'une destination provisoire, qui n'en sont pas moins utiles, et combien même n'existent qu'à la condition d'un entretien, ou bien plus encore, d'un renouvellement perpétuel (1)?

D'ailleurs les défenses provisoires, en reculant le mal, et en sauvant le présent, peuvent donner le temps de trouver, pour l'avenir, des systèmes plus efficaces. Sait-on si, en dehors des maladroits procédés employés jusqu'à ce jour, il n'existe pas quelque système plus efficace, que l'expérience et l'observation pourront mettre en lumière, et qui sauvera pour toujours les propriétés, dont on dispute aujourd'hui avec courage l'existence aux torrents?

---

(1) Par exemple l'exhaussement réitéré des digues du *Drac*, dans le département de l'*Isère*, depuis le pont de *Claix* jusqu'à l'*Isère* qui le reçoit, a absorbé, dit-on, dans ces quinze dernières années, au delà de 600,000 francs; mais si ces digues étaient surmontées, une partie de la ville de *Grenoble* serait submergée.

Ne faut-il pas de même rehausser continuellement les digues insubmersibles de la Loire, du Rhône, du Pô?

CHAPITRE XVI.

EXAMEN DE DIVERS SYSTÈMES DE DÉFENSE.

Je vais passer en revue les différents systèmes qui ont été proposés ou essayés, pour contenir les torrents dans toute l'étendue de leurs ravages, et d'une manière générale. Après tout ce qui a été dit, l'appréciation de chacun de ces systèmes sera facile, et n'exigera pas de longs développements.

1° *Système de Fabre.*

Pour faire cesser les ravages des torrents dans les vallées, Fabre propose tout simplement de les encaisser entre deux digues longitudinales. — Quant au tracé de l'encaissement, il consisterait à tirer une ligne droite de la gorge à la rivière, et à donner à l'axe du torrent cette pente et cette direction; ce qui obligerait la plupart du temps d'élever le nouveau lit sur des remblais (1).

C'est là une règle tout à fait imaginaire, ou qui, du moins, ne pourrait jamais être appliquée aux torrents de ce départe-

______

(1) Voir son livre, n°° 309 et suivants.

ment. En effet elle revient à créer, à force de terrassements, la pente-limite, partout où les déjections ne l'ont pas
encore établie d'elles-mêmes. Or, un pareil travail n'aboutirait à rien moins qu'à créer des lits de déjection artificiels,
c'est-à-dire, *à amonceler de véritables montagnes.*

Remarquons toutefois que *Fabre*, en indiquant ce procédé,
dont le résultat était de donner au lit la plus forte pente
possible, avait entrevu une partie des véritables difficultés
qui s'opposent à l'encaissement des torrents. — Je dis une
partie, parce qu'il serait très-possible que la droite tirée de
la gorge à la rivière ne donnât pas encore la pente-limite.
La rivière est bien un des points obligés de cette pente, mais
il n'en est pas de même du second point, pris à la sortie de
la gorge : celui-ci pourrait être trop bas. A mesure que les
dépôts s'entassent, l'origine de l'éventail remonte dans la
gorge, et relève ainsi la pente.

2° *Système de M. Delbergue-Cormont.*

On trouve dans l'ouvrage de M. *de Ladoucette* l'exposé
d'un système d'encaissement proposé par M. *Delbergue-
Cormont*, ingénieur en chef des ponts et chaussées (1). — Il
consisterait tout simplement à creuser au torrent un canal
régulier, au milieu de ses déjections mêmes, et à entretenir
ce canal à l'aide d'un curage assidu.

Quelles que soient les précautions indiquées par l'auteur
pour fortifier les berges de ce canal au moyen de plantations,

---

(1) « Mémoire dans lequel on essaye de faire voir que les communes
« peuvent, sans autres secours que leurs bras, se mettre à l'abri des
« torrents secondaires, par Delbergue-Cormont, ingénieur en chef. »

et les assimiler à des digues continues, on comprend bien qu'elles ne présenteront jamais aux érosions une résistance suffisante. Elles tiendraient encore moins contre un exhaussement.

Il semble que ce système attribue les ravages des torrents à l'irrégularité de leurs lits, puisque, pour les faire cesser, il propose, comme remède unique et suffisant, de les régulariser. —C'est là prendre l'effet pour la cause. Si les torrents se répandent çà et là, ce n'est point faute de lit régulier ; mais ils n'ont pas de lit régulier, par cette raison que, déposant continuellement, ils sont rejettés sans cesse hors du lit qu'ils occupent momentanément.

On a essayé, dans le pays, quelque chose d'analogue au moyen proposé par M. *Cormont*.

Il y a une vingtaine d'années, un préfet, M. *de Ladoucette*, fit ouvrir dans le torrent de *Vachères*, en face d'*Embrun*, une longue tranchée, dirigée en ligne droite de la gorge jusqu'à la *Durance*. On attacha à ce travail les détenus de la maison centrale d'*Embrun*, au nombre de quatre cents, et l'ouvrage, poussé avec vigueur, se trouva terminé au bout d'un mois. Mais le mois suivant, une crue survint, et tout fut détruit.

En général, le curage sur les torrents est une opération fort pénible, à cause de la grosseur des blocs et de la ténacité du limon qui les enveloppe ; et ce travail, qui exige tant de bras et de dépenses, ne mène à aucun résultat durable. La plus petite crue suffit pour tout bouleverser, et remettre le lit en son premier désordre.

3° *Système des barrages.*

Ce système consiste à empêcher les érosions dans la montagne, par le moyen de *murs de chute* (1).

Il attaque le mal dans sa source même, et cette pensée est sans contredit la plus rationnelle de toutes. Si l'on parvenait à empêcher les affouillements dans les régions supérieures du torrent, on arrêterait par là même les exhaussements dans les parties inférieures; le même procédé sauverait à la fois les propriétés de la montagne et celles de la vallée : son action serait donc infiniment plus générale qu'aucun des moyens d'encaissement connus. Mais est-il applicable? — Je ne le crois pas.

Les *murs de chute*, ou *barrages*, sont le genre de défense le plus efficace, lorsqu'il s'agit de garantir une petite longueur de propriétés, et sur des pentes modérées. En réalité, il n'a guère reçu jusqu'ici d'autre application. — Transporté dans les parties supérieures d'un torrent, il n'en serait plus de même. Là, les pentes croissent avec une telle rapidité que les

---

(1) C'est le système qu'indiquent la plupart des auteurs. — Voyez *Navier : Résumé des Leçons d'hydraulique données à l'École des ponts et chaussées*, page 87.

Depuis la publication de notre étude, le même système a fait l'objet d'un intéressant mémoire, publié en 1867 par notre excellent ami, M. *Breton*, ingénieur en chef des ponts et chaussées.

Enfin, il est appliqué maintenant avec succès par l'Administration Forestière, dans les Alpes, mais comme complément d'autres travaux, qui seront décrits plus loin. Tel est le barrage de 8ᵐ de chute, construit en 1864 sur le torrent de *Chagne*, près de *Guillestre*, par M. *Costa de Bastelica*, inspecteur des forêts.

murs deviendraient insuffisants, à moins de les rapprocher, et, pour ainsi dire, de les entasser les uns sur les autres. — Or ceci serait d'abord extrêmement dispendieux. Ensuite, les murs ainsi rapprochés manqueraient une partie de leur effet, les chutes succédant aux chutes, sans que la vitesse ait le temps de s'amortir. Leur résultat se réduirait, en quelque sorte, à relever le fond du lit parallèlement à lui-même d'une quantité égale à leur propre hauteur, et l'on comprend bien qu'un pareil effet ne répond nullement au but qu'on se propose d'atteindre. — Ajoutons que, pour atténuer autant que possible ce défaut, il faudrait donner aux murs une grande hauteur au-dessus du fond. Mais alors les chutes deviennent terribles et les affouillements ruineux. — Enfin l'emploi d'un pareil mode d'endiguement, entrepris sur une échelle générale, pourrait même être dangereux, en déterminant de vraies débâcles, dans le cas où l'un ou plusieurs de ces murs viendraient à être emportés par une crue.

Tous ces inconvénients sont graves, et doivent faire renoncer à considérer les barrages, sans autres travaux accessoires, comme un remède efficace, susceptible d'une application générale.

Fabre, qui l'indique dans son ouvrage, convient qu'il est insuffisant dans les grands torrents (1).

---

(1) Je cite ici le texte :

« Ce moyen (*les barrages*) réussit à souhait dans tous les torrents « naissants et qui n'ont pas creusé bien profondément leur lit. L'ex- « périence nous en garantit le succès. Mais il n'en est plus de même, « lorsque les torrents ont pris des accroissements considérables, et « qu'ils ont creusé de profonds vallons : dans ce cas, *on doit regarder* « *leur destruction comme impossible.* » *Fabre*, n° 307.

4° *Dérivation des torrents.*

Pour ne rien laisser de côté, je vais parler d'une sorte de défense qui consiste à dévier les torrents, et à transporter leur violence sur des points où elle n'est plus à redouter.

Il est clair que ce procédé ne peut être employé que dans quelques cas particuliers, et qu'il ne constitue pas un système de défense général.

On peut citer d'abord un travail de ce genre, exécuté sur la route royale n° 85, et qui a jeté dans le même lit les deux torrents de *Déoule* et de *Briançon*, et forcé leurs eaux réunies à passer sous le même pont. Mais cet exemple n'est point parfait, parce que les deux torrents, sortant de deux gorges différentes, arrivaient à peu près sur le même lit, et qu'il n'y a eu, à proprement parler, qu'à le rétrécir.

Il existe, sur la même route, un exemple plus complet, mais il se rapporte à des ravins peu considérables. Ils coulaient tous les deux dans des directions parallèles, et coupaient la route en deux points différents. A l'aide d'un barrage et d'une tranchée pratiquée à l'amont de la route, on a forcé l'un des ravins de se jeter dans l'autre, et leurs eaux réunies ont passé sous un pont unique. — Cet ouvrage a été conçu et exécuté par M. *Sevenier*, ingénieur.

On a dressé, il y a une vingtaine d'années, un projet de dérivation conçu sur une plus vaste échelle. — Il s'appliquait à ce torrent de *Chorges*, déjà plusieurs fois cité dans le cours de ce mémoire. — Parallèlement à ce torrent coule celui de *Malfosse*, lequel est encaissé par des berges solides et profondes. Suivant ce projet, une tranchée faite dans le haut de la montagne aurait versé le premier torrent dans le second, et détourné loin du bourg de Chorges un danger imminent, qui menace également la route royale passant par le bourg.

La tranchée proposée prenait son embouchure à peu près au dernier tiers de la gorge du bassin de réception. Un grand barrage forçait les eaux à se détourner brusquement pour y entrer. Le torrent arrivait au barrage avec une pente énorme, dépassant 20 centimètres par mètre, et chargé des débris arrachés aux berges de son cours supérieur. Là, on lui présentait un canal, dressé suivant une pente uniforme de 7 millimètres par mètre, comme s'il se fût agi de dériver du torrent un paisible canal d'irrigation!... Dans toutes ces dispositions, il y avait un concours de fautes qui devaient rendre le succès du projet absolument impossible : 1° La présence d'un coude brusque; 2° un brisement de pente; 3° un lit dressé suivant une pente au moins dix fois trop faible, etc. Il n'est besoin que d'indiquer ces erreurs pour les rendre palpables.— Heureusement le bon sens des habitants fit justice de l'inexpérience des auteurs; et le projet, malgré l'approbation supérieure, fut vivement repoussé par les gens de la localité, qui se considéraient avec raison comme les patients de l'opération. Cela fit ajourner l'exécution du travail; et plus tard, quand il fut question de le reprendre, un autre ingénieur, M. *Béguin*, confirma les craintes des habitants dans un excellent rapport, où il révéla les fautes du projet, et son danger, qui était de répandre sur une plus grande région les ravages concentrés aujourd'hui dans le bassin de Chorges.

En revanche, il y a dans le département des *Basses-Alpes* un exemple de dérivation qui a été couronné d'un plein succès. — Le bourg des *Mées* était menacé par un torrent. On parvint, en perçant une galerie souterraine à travers une montagne, à le jeter en ligne droite dans la *Durance*. Cet ouvrage a été exécuté avant la révolution.— Ici, on présentait au torrent une course plus directe, et des pentes plus fortes que celles qui lui étaient offertes par son lit naturel. Il faut dire aussi que le torrent n'approche pas de la violence de celui de *Chorges*. Tout était donc mieux disposé pour la réussite.

En définitive, les torrents sont si dangereux à manier que de tels expédients seront toujours très-rares. Avec des chances de réussite si incertaines, et des chances d'insuccès si terribles, il se trouvera peu d'ingénieurs assez hardis pour les proposer, et y attacher leur responsabilité.

CHAPITRE XVII.

ÉTAT ACTUEL DES ROUTES TRAVERSÉES PAR LES TORRENTS.

Les divers systèmes que je viens de décrire ont surtout en vue la défense des propriétés. — Considérons maintenant les torrents, par rapport aux routes et aux ponts.

Les routes suivent généralement ici le fond des vallées, et s'élèvent, le moins possible, sur les revers des montagnes. Il suit de là qu'elles rencontrent presque toujours les torrents dans la partie où ils étalent leurs cônes de déjection. Ce cas, qui est le plus général, est aussi le seul qui mérite d'être considéré ; car il est le seul qui soit en dehors des circonstances ordinaires.

Dans cette situation, on comprend de suite tous les obstacles que les torrents opposent à l'établissement des routes et des ponts. Jusqu'à ce jour on a fait peu d'efforts pour les surmonter. La plupart des torrents passent sur les routes à ciel ouvert ; on les traverse à gué, tantôt en un point, tantôt en un autre... — Je vais décrire l'état présent des choses, mais en avertissant d'avance que cet état est déplorable, et qu'il ne peut pas établir de règle pour l'avenir.

Les routes étant ainsi jetées en travers des lits de déjection, considérons d'abord le cas où l'on a eu recours à tous

les moyens en usage pour mettre la voie le plus complète-
ment possible à l'abri du torrent.

Dans ce cas, il a fallu, avant tout le reste, songer à l'établissement d'un pont. La grande difficulté est alors de forcer
les eaux à passer entre les culées, et de les y maintenir d'une
façon invariable. On y est parvenu à l'aide de digues.

Ces digues sont de plusieurs sortes. — Tantôt elles consistent
en deux digues continues qui sont adossées aux deux culées
du pont, et qui remontent vers l'amont, en s'évasant jusqu'à
ce qu'elles rencontrent des berges dans lesquelles on les enracine solidement. Elles figurent de véritables murs en aile,
très-prolongés, qui rassemblent les eaux et les amènent sous
le pont (1). Ce système est le plus sûr, mais il est aussi le
plus dispendieux. — D'autres fois, au lieu de digues continues, on a construit quelques épis échelonnés à droite et à
gauche du lit qu'on veut donner au torrent. Ils se renvoient
le courant, qui est jeté de réflexion en réflexion jusque sous
le pont (2). — D'autres fois, on se contente de jeter une seule
digue continue de l'une des culées jusqu'à la rencontre des
berges. On compte alors sur l'effet décrit plus haut, c'est-à-
dire, que la digue fixera le courant, et suffira, à elle seule,
pour l'attirer sous l'arche (3).

Tels sont les artifices à l'aide desquels on assure le passage
des eaux sous les ponts ; mais comme ils entraînent de grandes
dépenses, on a toujours cherché à les simplifier autant que
possible, et, dans un grand nombre -de cas, on a pu s'en
passer, sans qu'il en résultât des inconvénients. — Beaucoup

---

(1) Pont du *Vivas*, sur le torrent de *Briançon*.
(2) Pont de Sigouste ; — pont de Rousine ; — pont de Labéoux.
(3) Pont de Boscodon.

de ponts ont été jetés au milieu du lit comme au hasard, sans d'autre ouvrage accessoire que les remblais de la route elle-même, qui forment un véritable barrage, dont l'ouverture du pont figure le pertuis(1). Ces ponts ont souvent réussi : ils ont déterminé le courant à se creuser un lit qui est demeuré invariable. — Cet effet s'est même présenté sur des traversées où le sol de la route était au niveau du lit, où celui-ci était convexe et dénué de berges, et où, par conséquent, la route ne pouvait faire office de barrage (2). C'est qu'alors le torrent avait atteint la pente *limite*, et la plus petite cause suffisait pour rendre son lit stable.

Les ponts établis sur les torrents périssent de trois manières :

1° Ils peuvent être attaqués par les eaux avec une telle violence qu'ils soient emportés tout d'une pièce, et totalement anéantis. — Ce cas, le plus effrayant en apparence, est au fond le plus aisé à prévenir. On a ici une multitude de faits qui prouvent que les culées n'ont jamais été emportées que parce que leur pied était mal défendu. On a d'autres exemples où des ponts, frêles en apparence, ont soutenu l'effort de crues, qui paraissaient capables de renverser les plus forts ouvrages. Ils ont dû cette résistance à la conservation de leur radier. C'est là qu'est tout le secret de leur solidité. C'est par l'entraînement du radier que commence toujours la chute des ponts, et tant qu'il dure, les culées ne courent pas de risque.

Ces radiers sont ordinairement construits avec de gros blocs disposés en forme de pavé, et constituant par leurs di-

____

(1) Pont de Bramafan ; — pont de Couleaud ; — pont de Rabioux.
(2) Pont de Sachat ; — pont de Lafare.

mensions un véritable enrochement, à cela près que les blocs, au lieu d'être entassés au hasard, sont ici jointifs, posés avec soin, et que leur parement est très-régulièrement dresse. Pour les rendre plus solides encore, on les contient quelquefois par un grillage en charpente, dont les longrines sont engagées dans les culées (1). D'autres fois, on relie les blocs entre eux à l'aide de chaînes en fer (2).

2° Il peut arriver que les eaux aillent percer la route en un autre point très-éloigné du pont. Celui-ci se trouve alors abandonné; la route, une fois ouverte, est livrée sans défense aux eaux qui élargissent la brèche, la mènent jusque près du pont, et finissent par mettre à nu le derrière des culées : celles-ci se renversent en arrière, et le pont s'abîme. — Quand même les effets n'arriveraient pas jusqu'à cette extrémité, la communication n'en est pas moins interrompue, la route coupée par le torrent, et le pont devenu sans usage.— Il existe plusieurs ponts qui ont été rendus inutiles par de pareils effets, et qu'on a pris le parti de boucher, en voyant que les eaux refusaient d'y passer (3).

Dans ce genre de ruine, le vice est dans les ouvrages accessoires, qui devraient empêcher la divagation du torrent. Il peut être aussi dans le mauvais choix de l'emplacement.

3° Enfin, les ponts peuvent périr par une troisième manière, qui est sans contredit la plus redoutable de toutes, quoiqu'elle ne se manifeste que par des effets lents, et souvent imperceptibles : je veux parler de l'exhaussement du lit, qui

_____

(1) Pont de Boscodon.
(2) Pont de Vachères.
(3) C'est ainsi que les eaux refusent de passer sous le pont récemment construit sur le torrent de la *Sigouste.*

obstrue graduellement le débouché et finit par enterrer le pont au milieu des déjections (1). — Alors on peut regarder l'établissement du pont comme impossible dans la partie où il a d'abord été construit, et il faut de toute nécessité modifier le tracé de la traversée et chercher un emplacement ailleurs.

La plupart de ces ponts sont construits en bois. — Ce mode de construction, quoique moins durable, présente pourtant quelques avantages. D'abord il est économique; ensuite il permet de donner au débouché la plus grande section possible. Dans cet esprit, on a toujours évité, autant que possible, l'emploi des contre-fiches; et quand il était impossible de s'en passer, on les a dressées au-dessus du tablier (2).

Comme un tablier en bois présente peu de résistance au choc des eaux, s'il survient une crue extraordinaire, dans laquelle les eaux se précipitent sur le pont en forme de vague, la charpente sera de suite balayée; le torrent, trouvant alors un passage libre, s'écoulera avec plus de facilité, et la masse principale du pont sera sauvée. Il y a bon nombre d'exemples de ponts qui ont ainsi résisté aux crues les plus furieuses, grâce à la facilité avec laquelle leur tablier a été tout d'abord emporté, laissant derrière lui un débouché indéfini, dans le sens de la hauteur. — On peut aussi, toutes les fois qu'on prévoit une crue, démonter le tablier et le déposer en un lieu sûr (3). On est assuré

---

(1) Pont de Merdanel, près du Monestier; pont de Pals.

(2) Pont du Vivas; — plusieurs ponts dans le Queyras; — plusieurs ponts dans les Basses-Alpes.

(3) C'est ce qu'on a fait sur le pont de Chagne, en 1838.

7

alors de sauver la charpente, et on a une grande probabilité de sauver les culées, qui sont la partie du pont la plus coûteuse (1).

Je viens de montrer comment certaines parties de routes sont défendues contre les torrents, à l'aide de ponts et de digues. — Ces cas sont malheureusement les plus rares.

Le plus souvent, les routes traversent les torrents à gué, et il s'en faut de beaucoup que cet état de choses, si détestable, soit toujours justifié par l'impossibilité où l'on se trouverait d'établir un pont, ainsi que les ouvrages accessoires. Peut-être ne citerait-on pas un seul torrent sur lequel il soit absolument impossible d'établir un pont; car on a toujours la latitude de rectifier le tracé de la route, et de l'amener sur les points de passage les plus favorables. C'est là un avantage précieux qui n'existe que pour les routes, et ne se retrouve plus, lorsqu'il s'agit de défendre des propriétés. Dans ce dernier cas, l'emplacement des ouvrages de défense est invariablement fixé; et s'il arrive que les propriétés soient placées dans les régions où le torrent affouille ou exhausse avec trop d'énergie, la défense devient à peu près impossible. — Si, malgré cette circonstance favorable aux routes, on a fait jusqu'ici si peu d'efforts pour les assurer contre les torrents, il faut en voir la raison

---

(1) Le bois de construction le plus usité ici est le mélèze, qui dure beaucoup plus que le sapin, et n'a qu'un défaut, celui de se tourmenter pendant de longues années. Le climat des *Hautes-Alpes* est d'ailleurs très-conservateur. La charpente des ponts dure ordinairement quinze ans; mais sa durée serait certainement plus longue, si l'on avait toujours pris les soins que réclame la conservation des bois, à l'air libre.

dans le chiffre élevé des dépenses qu'exigent toujours ces sortes de travaux.

Il y a quelques traversées sur lesquelles on a construit des digues, dans l'unique but de forcer les eaux à traverser la route en un point déterminé et invariable (1). Quoique, dans ce passage, le torrent coule encore à ciel ouvert, on a pourtant gagné ceci, qu'il ne dégrade plus la route sur une grande longueur, en attaquant aujourd'hui telle partie et demain telle autre. On a concentré le mal en un seul point, qui forme à la vérité un mauvais gué, mais à la faveur duquel le reste de la traversée est à l'abri des eaux. — Pour fortifier la route au passage du torrent, on construit un cassis solide, pavé en gros blocs, et maintenu à l'aval par un mur de chute.

Mais, sur d'autres torrents, la rapidité de l'exhaussement ou l'instabilité du courant sont telles qu'on n'a pas même osé risquer ces simples ouvrages (2). Les eaux, divaguant dans toute leur liberté, coupent la route en des points toujours nouveaux, si toutefois on peut donner le nom de route à un misérable sentier, frayé par les voitures au milieu des dé-jections.

On se figure difficilement le pitoyable aspect de ces traver-sées, qui ont souvent plus d'une demi-lieue de longueur. Dans la belle saison, la voie ne se distingue, au milieu du champ de ruine qu'elle traverse, que par le sillon qu'y creusent les charrettes, et par la trace de quelques menus soins venant

---

(1) Torrent de Combe-Barre, — de Rioubourdoux, — de Saint-Pan-crace, — de la Romeyère, — de Combe-la-Bouze, etc.

(2) Torrent de Merdanel ; — torrent de Devizet.

des cantonniers. Pendant l'hiver, lorsqu'un manteau uniforme de neige s'est étendu sur les montagnes et sur les vallées, et qu'il a recouvert ces vastes lits, arides et unis, où l'œil ne rencontre ni habitations, ni arbres, ni cultures, alors les vestiges du chemin disparaissent complétement; les voitures s'égarent et tombent dans des creux.

Quand arrivent les crues, la route est noyée sous les eaux, la boue et les cailloux; la communication est interrompue; les voitures publiques sont forcées de s'arrêter ou de rebrousser chemin. On organise alors à la hâte des ateliers d'ouvriers; on embrigade les cantonniers; et lorsque les eaux ont diminué de violence, on s'occupe de rétablir la voie, en déblayant les alluvions et en formant des cassis grossiers, à l'aide de buissons disposés en fascinages.

Mais quelque célérité que l'on apporte à ce travail, il arrive souvent que la circulation ne peut être rétablie qu'au bout de plusieurs jours. Chaque crue nouvelle détruit ainsi la voie, et force de la rétablir à nouveaux frais, et, presque toujours, sur des points nouveaux. — Quand la crue est totalement terminée, le terrain se dessèche : ce qui arrive vite sous ce ciel, dont la sérénité est à peu près constante. Alors la boue forme avec les graviers une sorte de ciment tenace, qui tient lieu d'empierrement, et sur lequel les voitures roulent sans trop de difficultés (1). Tous les soins de l'entretien se bornent à écarter les gros blocs, et à boucher de temps à autre les ornières.

Tel est l'état le plus ordinaire de ces traversées; et si l'on

____

(1) On trouve déjà cette remarque dans Fabre.

rassemblait bout à bout ces parties, on formerait, dans l'arrondissement d'*Embrun*, un développement égal, au moins, au quart de la longueur totale de ses routes. — Cet état doit sembler incroyable, quand on le compare à celui des routes du reste de la France. Ici, l'inconvénient est moins vivement ressenti, parce qu'il y a peu de circulation, et aussi, parce que la sécheresse du climat lui oppose une sorte de compensation. Nul doute que si les routes de ce département étaient transportées, avec leurs torrents, sous le ciel humide et pluvieux du Nord, et sillonnées par un roulage actif, elles seraient très-promptement défoncées et devenues impraticables.

CHAPITRE XVIII.

RÈGLES POUR L'ÉTABLISSEMENT DES ROUTES SUR LES TORRENTS.

Après avoir décrit les choses telles qu'elles sont, je vais les montrer telles qu'elles pourraient être.

Je suppose qu'il s'agisse de tracer une route au travers d'un torrent, de manière à la soustraire le plus complétement possible aux causes de dégradation.

Il y a deux points où cette traversée peut se faire dans les conditions les moins défavorables :

1° Celui où le torrent sort de la gorge, à l'issue du canal d'écoulement;

2° Celui où le torrent se jette dans la rivière, à l'extrémité de son lit de déjection.

Premier cas. — On comprend de suite quels sont les avantages du premier emplacement. Là, le torrent est encaissé par des berges insubmersibles, et l'on se trouve dans les circonstances ordinaires pour établir un pont. Si l'on remontait plus haut, l'affouillement serait plus énergique, et les berges, devenues profondes et croulantes, donneraient à la route une assiette peu sûre, et aux culées, des fondations difficiles. Si l'on descendait plus bas, on aurait à redouter l'exhaussement, la plus insurmontable de toutes les difficultés.

Cet emplacement est donc préférable à tout autre. Mais il n'est pas toujours facile d'y conduire le tracé, parce qu'il est souvent d'un accès difficile, qu'il force d'établir la route dans de mauvais terrains, et qu'il l'assujettit à des pentes trop fortes. — Alors il faut transporter le tracé à l'extrémité du lit de déjection. C'est là le deuxième cas que nous allons examiner.

Deuxième cas. — Ici se présentent de suite plusieurs conditions favorables. D'abord la route suivra le fond de la vallée : par conséquent, elle n'aura ni à monter ni à descendre, et sa pente sera uniforme et douce. Elle sera de plus établie sur des terrains généralement fermes et stables. — Ensuite, comme les eaux n'arrivent à cette région qu'après avoir parcouru le lit de déjection dans toute sa longueur, elles doivent avoir déjà beaucoup déposé, chemin faisant; par conséquent, elles arriveront moins chargées de matières, et l'exhaussement sera moins à craindre.

Reste la difficulté d'assujettir les eaux à arriver précisément sous le point. — Elle est peut-être plus grande ici que sur tout autre point du lit. En effet, il résulte de la forme même qu'affectent les lits de déjection, que le passage des eaux sur un point donné devient d'autant plus indéterminé qu'on s'éloigne davantage du sommet du cône : l'indétermination croît, pour ainsi dire, avec le rayon qui exprime cet éloignement. — Il est donc indispensable de jeter, sur toute la longueur du torrent, des ouvrages disposés de manière à diriger ses eaux, et à les conduire sous le pont.

On peut se servir pour cela, soit de digues continues, soit de petits épis inclinés vers l'aval. Remarquons bien qu'il ne s'agit pas d'encaisser le torrent; il s'agit seulement de l'amener sous le pont. Par conséquent, il ne sera pas nécessaire de faire des défenses aussi complètes et aussi dispendieuses que celles qui seraient indispensables dans le cas de l'encaissement. Quelques épis suffiraient le plus souvent pour imprimer une direction au torrent, et l'empêcher de divaguer, au moins pendant quelques années.

Une circonstance rend l'exhaussement impossible sous le pont : — C'est que les matières, à mesure qu'elles arrivent, sont immédiatement balayées par la rivière. Cette remarque est capitale, et légitime surtout le choix de ce genre d'emplacement. Si le courant de la rivière ne balayait pas les abords du pont, il faudrait l'y repousser, à l'aide d'ouvrages construits sur la rive opposée, afin de donner aux eaux le plus de chasse possible.

De cette propriété, qui rend l'exhaussement impossible sous le pont, il suit qu'on n'aura pas à craindre que le pont soit jamais obstrué par les dépôts; et par là on échappera à l'une des trois causes de ruine, signalées précédemment, et à la plus incurable des trois. — Ensuite on aura moins à redouter la violence de ces crues furieuses, capables d'emporter le pont comme un seul bloc. Il est certain que tous ces phénomènes violents, décrits dans la première partie, ne se manifestent guère qu'à la sortie de la gorge : à l'extrémité du lit de déjection, ils sont considérablement affaiblis; cela se comprend même très-bien par les explications qu'on en a données. — Ainsi cet emplacement diminue encore la seconde chance de ruine.

Il n'y a donc véritablement à craindre qu'un seul danger, parmi les trois qui menacent les ponts : ce seul risque est celui de la divagation des eaux, qui pourraient tourner les culées, en perçant la route en un autre point. Mais cela même est peu probable. Supposons un instant que les eaux, sorties de leur canal, frappent la route ailleurs que sur le pont. Arrêtées par la chaussée, elles diminueront subitement de vitesse ; elles déposeront une partie de leurs alluvions, se barreront elles-mêmes, et retourneront sous le pont en coulant le long de la route. — Pour mieux comprendre cet effet, on n'a qu'à penser que le pont est le seul passage où le sol ne sera jamais exhaussé; qu'il est aussi le seul par où les eaux peuvent s'écouler. Elles y seront conduites tout d'abord par cette raison que la ligne tirée de la gorge au pont les mène invariablement au point le plus bas. Ensuite, elles s'y maintiendront, parce que, si elles se portaient sur tout autre point, elles ne trouveraient plus d'écoulement.

Si, au lieu de placer le pont près de la rivière, on le transportait plus haut, sur l'axe du lit, on retomberait dans un système qui n'offre plus, à beaucoup près, les mêmes avantages. — En effet, le niveau du radier n'est plus ici, comme dans le cas précédent, un repère qui demeure stable, pendant que les autres parties du lit s'exhaussent. Le torrent, arrivant sous le pont après un parcours moins prolongé, sera plus redoutable dans les grandes crues, et plus chargé d'alluvions dans les crues ordinaires. Ensuite, comme les abords d'un pont ainsi placé sont en pente sur les deux versants du lit de déjection, s'il arrive que les eaux frappent à côté de l'arche, elles n'y retourneront plus, mais s'échapperont en coulant dans des directions opposées.

Telles seraient les règles à suivre pour le tracé des routes, à travers les torrents. — Jusqu'à ce jour, elles n'ont reçu que des applications fort incomplètes ; mais elles peuvent servir à guider les études qu'on fera dans l'avenir pour la rectification de ces passages : et c'est là une tâche qui ne manquera pas d'occuper pendant longtemps les ingénieurs, car tout reste à faire.

La convexité de plusieurs lits est telle qu'on pourrait les traverser en tunnel. Les eaux couleraient alors par-dessus la route, qui serait parfaitement à l'abri de toute espèce de dévastations. — J'indique seulement la possibilité de ce moyen, à cause de sa singularité ; il est clair d'ailleurs que l'énormité de la dépense ne permet pas d'y songer sérieusement. — On y a pourtant eu recours quelquefois sur de petits torrents, dans l'établissement des canaux d'arrosage (1).

---

(1) Ce que je signalais ici comme une singularité, en 1840, pourra recevoir des applications dans les chemins de fer. — Depuis que j'ai vu les torrents de la Maurienne, en Savoie, qui menacent le chemin

Il y a des torrents qui coulent parallèlement aux routes (1). Je ne m'arrêterai pas à ce cas. On défend alors la route, comme on ferait d'une propriété riveraine.

---

du *Victor-Emmanuel*, entre Chambéry et Modane, je ne garantirais pas qu'il ne faille un jour recourir aux tunnels, pour assurer définitivement la sécurité de certains passages.

(1) Torrents de Sainte-Marthe, — de Montmirail, — des Graves,— de Pals.

CHAPITRE XIX.

RÈGLES POUR L'ÉTABLISSEMENT DES PONTS SUR LES TORRENTS.

Le premier élément de l'établissement d'un pont, c'est le débouché. Aucune des formules de l'hydraulique ne peut ici s'appliquer avec exactitude; la nature du fluide n'est plus celle de l'eau ordinaire, et les frottements ne sont pas non plus les frottements ordinaires.

Le plus sûr est de déterminer ce débouché empyriquement, en relevant des profils en long et en travers du lit, dans la région du canal d'écoulement. Il est clair que si le torrent a passé sans exhausser sur une pente et dans une section déterminées, il passera encore sans exhausser, lorsqu'on lui présentera plus bas la même section et la même pente. — On peut toujours reproduire cette section. — Quant à la pente, si le lit ne la présente pas naturellement près de l'emplacement du pont, les travaux d'art ne peuvent la créer que dans des limites très-restreintes. Mais on peut compter sur deux effets pour faire accepter avec sécurité des pentes plus faibles, dans certaines limites : c'est d'abord que les eaux, pendant les crues, formeront au passage du pont un remou, c'est-à-dire, que la superficie du fluide prendra la pente qu'on n'a pas pu donner au fond du lit. Ensuite, comme le pont est supposé placé plus bas que la section observée, il est probable que le torrent aura, dans le trajet, perdu ses plus grosses alluvions ; il exigera donc, pour emporter le reste, moins de vitesse, et partant, moins de pente.

Si l'on recherche les données qui découlent de l'expérience des ponts déjà construits, on remarque que leur ouverture dépasse rarement 10 mètres, et sur des lits dont la largeur est souvent cent fois plus considérable. Cela s'explique aisément, lorsqu'on connaît les causes de cette largeur démesurée. — La hauteur du débouché est également assez petite. Les torrents les plus redoutés passent sous des ponts dont l'élévation, au-dessus du fond du lit, ne dépasse guère 3 à 4 mètres. — C'est que la vitesse des eaux étant excessive sur ces fortes pentes, une section relativement petite peut débiter un énorme volume d'eau (1).

On peut dire, en général, qu'il est bon de donner aux ponts la plus petite section possible, parce qu'on détermine par là une chasse violente, dont l'effet sera de creuser le lit. Une trop grande section favoriserait au contraire l'exhaussement, contre lequel il n'est point de remède.

Il est arrivé, sur plusieurs torrents, que les constructeurs, s'effrayant de la largeur du lit, ou trompés par la bifurcation du courant, ont pris le parti d'élever deux ponts à la fois (2). Ce système, qui semble devoir donner

---

(1) Cette vitesse peut, d'après le calcul, s'élever jusqu'à 14 mètres par seconde. — Voir la note 4.

(2) Sur le Rabioux ; — sur le Couleaud.

plus de sécurité au prix d'une forte dépense, est tout au contraire aussi vicieux qu'il est dispendieux. Partout où il a été mis en usage, l'un des ponts a fini par être obstrué, et la masse des eaux a passé tout entière sous l'autre, dont le débouché, calculé pour une seule branche seulement, se trouve ensuite trop petit pour les branches réunies.

Par le même motif, il faut éviter l'emploi des piles, qui ont de plus l'inconvénient de donner prise à l'affouille-ment, et exposent ainsi le pont à une double chance de destruction.

On est beaucoup moins embarrassé dans la détermination du débouché, quand il s'agit de remplacer un ancien pont par un pont nouveau. On peut alors recueillir des observations assez exactes sur la hauteur des eaux. S'il est arrivé, par exemple, que le tablier de ce pont ait été souvent em-porté ou surmonté par les eaux, on est assuré qu'il est trop bas, et l'on possède ainsi une excellente donnée pour l'établissement d'un pont définitif. — Peut-être serait-il prudent, dans beaucoup de cas où le succès de l'établis-sement est douteux, d'ériger cette marche en principe, d'élever d'abord un pont en charpente qui sera peu coû-teux, d'observer pendant quelques années la conduite du torrent; enfin, de ne hasarder un pont définitif que lors-qu'on aura été préalablement instruit par cette sorte de tâtonnement.

Ces ponts définitifs doivent être construits avec la plus grande solidité possible. Il est bon de faire en pierre de taille tous les revêtements susceptibles d'être mouillés par les eaux, ou atteints par les projections des blocs, et

il faut donner à ces pierres une forte queue. L'expérience
a prouvé que les revêtements en moellons étaient souvent rongés ou arrachés (1). — Il faut avoir le soin de
ne laisser aucune arête saillante dans les appareils extérieurs : elle serait bientôt détruite par le choc des pierres.
Ainsi, on arrondira l'arête extérieure du socle, ordinairement rectangulaire ; le dé des murs en aile, au
lieu d'être cubique, formera un retour courbe ; l'arête
même de la voûte sera épannelée, sur 10 centimètres
de chaque côté. Les assises du socle seront crampon-
nées, etc., etc. (2).

C'est le radier surtout qu'il importe de fortifier. Les radiers
périssent presque toujours par l'affouillement qui se fait à
l'aval. Il faut jeter là, et jusqu'à une assez grande distance
du mur de chute, des gros blocs, contenus par quelques
pieux battus. On peut aussi enchaîner les blocs les uns aux
autres par des anneaux en fer (3).

C'est une faute de faire le radier de niveau : si, d'un côté,
on diminue ainsi la pente sous l'arche, on augmente, de
l'autre côté, la chute à l'aval, et de plus, le pont est exposé
à être obstrué par les alluvions des eaux ordinaires. Il est
donc préférable de faire suivre au radier la pente naturelle
du lit. Il est bon aussi de le faire très-concave, afin que les
eaux, à mesure qu'elles diminuent de volume, s'encaissent

---

(1) Aux ponts de *Chaumatéron*, — de *Bramafam*.

(2) Pont du *Rabioux*, à Châteauroux ; — Pont des *Vachères*, à Baratier.

(3) Sont construits de cette manière : le radier du pont de *Verderel*,
— de *Lasalle*, — de *Reguigné*, près du *Monestier*, etc.

dans le fond de la courbe : ce qui les empêchera d'engraver.

J'ai dit qu'il fallait redouter les engravements. — Il arrive souvent que de petites crues, arrivant coup sur coup, exhaussent le lit au-dessous de l'arche. Alors, s'il survient tout à coup une crue violente, les eaux, trouvant le passage bouché, emportent le pont, ou se font une trouée d'un autre côté. — A cause de cela, il est nécessaire de vérifier de temps en temps l'état du lit, sous le pont. S'il s'obstrue, on ouvre au milieu des alluvions un canal d'amorce, dont le but est d'attirer les eaux. Quand la crue commence, elles suivent le canal, déblayent les matières déposées, et remettent elles-mêmes le radier au jour (1). — Si l'on croyait indispensable de désobstruer entièrement le pont, à force de bras, chaque fois qu'il est engorgé, on dépenserait inutilement beaucoup d'argent : ce qui est arrivé quelquefois, avant que l'expérience eût montré l'expédient le plus économique (2).

---

(1) On a souvent l'occasion de faire cette opération sous le pont de *Boscodon*,—sous celui de la *Glaizette* (à Veynes), — sous celui du *Saint-Blaise* (à Briançon).

(2) Quand on fait des fouilles pour fonder une culée dans un lit de déjection, on est submergé par les eaux d'infiltration. Dans ce terrain, formé de blocs et de graviers sans consistance, l'eau ruisselle par mille canaux souterrains. Les épuisements seraient impuissants. On ne peut pas toujours draguer sous l'eau, parce que les fouilles mettent à jour de gros blocs, qui ne peuvent être extirpés qu'à coups de mine. On ne peut pas faire de batardeau, parce qu'il est impossible de battre des pieux. — Dans ce cas, le meilleur parti consiste à ouvrir, dans le creux le plus bas des fouilles, un canal d'écoulement, qui recevra les eaux d'infiltration, et qui, étant tracé suivant une pente plus douce que celle du torrent, le rejoindra plus bas. A l'aide de cet artifice, les ouvriers travaillent à sec, et ne sont plus gênés par les eaux.

TROISIÈME PARTIE.

CAUSES DE LA FORMATION ET DE LA VIOLENCE DES TORRENTS.

CHAPITRE XX.

CAUSES DE LA FORMATION DES TORRENTS.

Au premier aspect, rien ne caractérise mieux les torrents que leurs *cônes de déjection :* ce n'est pourtant là qu'un de leurs caractères secondaires. Si les eaux n'affouillaient pas d'abord dans les montagnes, elles n'exhausseraient pas dans les plaines. L'exhaussement dérive donc de l'affouillement, et la forme des lits de déjection n'est qu'un résultat de cette première cause.

L'affouillement étant la cause unique de l'action des torrents, quelles sont les conditions qui provoquent l'affouillement?

Pour qu'un affouillement se manifeste, il faut qu'une

grande force d'érosion agisse sur un terrain susceptible d'être corrodé : de là, deux conditions nécessaires et suffisantes :

1° La présence d'un terrain affouillable ;

2° Le développement d'une grande force d'érosion.

La première condition est donnée par la nature même du sol. — C'est là une cause première au delà de laquelle li est inutile d'en chercher une autre.

Pour que la deuxième condition se réalise, il faut qu'une grande masse d'eau se rassemble instantanément dans un même canal, et sur des pentes très-rapides, afin d'acquérir une grande vitesse. L'énergie de la force d'érosion ainsi engendrée croîtra avec les deux éléments mêmes dont elle est fonction, savoir, la *Masse* et la *Vitesse*.

Or, d'une part, la forme du bassin de réception est ainsi faite qu'elle concentre, à peu près instantanément, les eaux, et les lance dans un goulot très-incliné. D'autre part, on a vu que les crues n'arrivaient jamais qu'à la suite des fontes de neige ou des orages. — Voilà les conditions du phénomène réalisées. Les fontes de neige et les pluies d'orage fournissent les masses, que les formes du bassin de réception rassemblent, et mettent ensuite en mouvement.

Ainsi, trois causes président à l'action des torrents :

1° Une cause *géologique*, résultant de la nature même du terrain ;

2° Une cause *topographique*, résultant de ses formes ;

3° Une cause *météorologique*, résultant des actions atmosphériques.

Une première réflexion se présente tout d'abord. La forme des bassins de réception, qui est une des trois causes, peut-elle bien être acceptée comme une cause primitive? — Pour qu'il en fût ainsi, il faudrait que ces bassins eussent eu, dès l'origine, la figure caractéristique qu'on leur voit aujourd'hui; il faudrait que cette figure eût précédé l'action des eaux, qui, trouvant alors les formes du terrain déjà prêtes, auraient produit, dès le premier jour, les mêmes phénomènes qu'elles poursuivent encore aujourd'hui devant nous.

Mais il est impossible d'admettre une pareille explication. — Les formes des bassins de réception sont évidemment le résultat de l'action violente et longtemps prolongée des eaux, rassemblées d'abord dans un simple pli du terrain, et coulant sur un sol privé de consistance.

— Ce qui le prouve d'une manière décisive, c'est la présence de ces larges cônes de déjection, formés en entier aux dépens des régions supérieures d'où sortent les torrents. Tous les jours, d'ailleurs, nous voyons les bassins de réception s'élargir, et les lits de déjection s'exhausser. Ces effets se poursuivent même avec une telle rapidité, qu'un petit nombre d'années a dû suffire pour apporter d'énormes modifications dans les formes originelles du terrain. — Il n'y a donc qu'à reporter dans les temps anciens ce qui se passe aujourd'hui sous nos yeux, en supposant que les phénomènes présents sont la continuation d'une même action commencée depuis des siècles; et le creusement des bassins se trouve expliqué.

Une telle action peut sembler, au premier abord, exagérée, quand on considère la vaste étendue que présentent les bassins de certains torrents, et leur encaissement profond, qui en fait de véritables vallées. Mais il faut considérer en même temps l'énorme cube formé par les dépôts, lequel n'a pu sortir que des bassins; il faut se rappeler que ce cube est encore loin d'exprimer tout ce que le torrent a tiré de la montagne, puisqu'une partie de cette masse a été versée dans la rivière, qui l'a dispersée plus loin. Par un effort de notre pensée, transportons la montagne formée par les déjections jusque dans les parties supérieures du torrent; jetons-la dans les creux du bassin; augmentons-la de tout le volume emporté par la rivière, et nous ne serons pas loin d'avoir comblé ces excoriations profondes, dont nous hésitions tout à l'heure d'attribuer le creusement aux eaux. Nous comprendrons de cette manière comment il n'y a aucune exagération à affirmer que le lit tout entier du torrent, depuis sa naissance jusqu'à son confluent, est l'unique ouvrage de ses eaux (1).

De là il suit que la cause que j'ai appelée *topographique* ne devient plus qu'un corollaire obligé des deux autres causes. Ces montagnes, une fois mises en relief, quelle que soit la forme qui leur ait été primitivement imprimée par la force qui les a poussées au jour, ont dû nécessairement présenter, d'une part, des pentes fortes, et de l'autre, des rides, des ondulations, des dépressions. Il n'y avait là rien qui ne fût commun à toutes espèces de montagnes. Mais ici, cette

---

(1) Voyez la note n° 6. — « Les circonstances de la formation primitive, dit *Voisin d'Aubuisson*, ont esquissé les grands traits de la formation terrestre. C'est ensuite l'action continue des agents atmosphériques, qui en a dessiné presque tous les détails. »

circonstance, toute générale qu'elle est, a suffi pour créer
des torrents, tandis qu'ailleurs, où le sol s'est trouvé plus
résistant, et le climat moins destructeur, les mêmes conditions n'ont produit que de simples ruisseaux.

Ainsi, deux causes seulement restent à examiner, qui
dominent toutes les autres, et qui sont véritablement fonda-
mentales : la cause *géologique* et la cause *météorologique*.
—Par conséquent, c'est dans la nature même du sol et du
climat des *Hautes-Alpes* que nous placerons désormais la
première raison de la formation des torrents.

Dès lors, on commence à s'expliquer pourquoi les torrents
semblent attachés exclusivement au sol de cette partie des
Alpes, comme un mal endémique, qu'on ne retrouve pas
ailleurs (1). — Ne considérons que la France. N'est-il
pas digne de remarque que de pareils cours d'eau ne se
montrent ni dans les *Vosges*, ni dans les *Cévennes*, ni dans
l'*Auvergne*, pour ne citer d'abord que les montagnes qui
sont à ma connaissance?—Dans la *Lozère*, on a les *vallats*,
espèces de ravins qui ne sont pas sans analogie avec nos
plus petits torrents du troisième genre, comme ceux répandus entre *Briançon* et le *Monestier*, le long de la *Guisanne :*
mais ceux-ci, qui, par leur faiblesse, ne ressemblent presque plus aux véritables torrents, sont encore, à côté des
vallats, des torrents fort énergiques.—On ne rencontre pas
davantage de torrents, ni dans les *Pyrénées*, ni dans les
montagnes de la *Corse*, ni dans celles du *Jura*.

---

(1) Il faut joindre ici aux *Hautes-Alpes* une partie des montagnes du
département de l'*Isère*, de la *Drôme* et des *Basses-Alpes*, qui appartiennent à la même formation, et présentent également des torrents.

Pourtant, parmi ce grand nombre de montagnes, plusieurs sont aussi nues et aussi déboisées que les croupes les plus chauves des Hautes-Alpes. Ce n'est donc pas la destruction des forêts, ainsi qu'on le croit communément ici, qui a suffi pour attirer sur ces dernières montagnes le fléau si particulier qui les désole. On verra plus bas quel est le rôle que jouent les déboisements dans la production des torrents : leur influence est incontestable, mais elle ne constitue pas une raison première, et elle eût été nulle sous un autre ciel et dans d'autres terrains.

D'un autre côté, on ne peut pas, non plus, prendre en considération l'élévation absolue au-dessus du niveau des mers, considération qui placerait les Hautes-Alpes au-dessus de toutes les autres montagnes de la France (1). Dira-t-on, par exemple, que les torrents, de même que les avalanches, les glaciers, etc., ne commencent à se montrer qu'à partir d'une certaine altitude, et que, s'ils ne se reproduisent pas dans toute espèce de montagnes, c'est que toutes ne s'élèvent pas jusqu'à cette hauteur nécessaire à leur formation ?.... — Mais on répondrait à cela que les torrents apparaissent, dans les Alpes françaises, à toute sorte de hauteurs. On citerait aussi les montagnes de la *Suisse*, qui sont plus élevées, dans quelques parties, que les Hautes-Alpes, et qui, dans ces parties, ne présentent pas les mêmes genres de torrents.

Dira-t-on que les torrents sont le résultat d'une forme particulière de montagnes, qui se montre seulement dans les Hautes-Alpes? — Mais les formes des montagnes ne

____

(1) Voyez la note 7.

sont-elles pas elles-mêmes le résultat de la constitution de
leurs terrains, en même temps que de la puissance plus ou
moins énergique des agents extérieurs, auxquels ces terrains
ont été soumis? — On retombe ainsi sur les deux causes
déjà connues : — le sol et le climat.

On pourrait pousser ce parallèle plus loin ; et en comparant ainsi avec attention les Alpes à d'autres montagnes,
on finira par conclure que la cause véritable des torrents ne peut pas être ailleurs que dans l'alliance d'un
certain genre de climat avec une certaine constitution géologique.

Sans doute, ces conditions ne sont pas tellement inhérentes
aux Hautes-Alpes qu'elles ne puissent jamais se reproduire
ailleurs. Mais partout où elles se reproduiront, on pourrait
affirmer d'avance qu'il se rencontrera des torrents semblables
à ceux que nous décrivons ici (1).

Nous voici donc retombés sur les mêmes conclusions
que nous avions déjà rencontrées à la suite d'un autre
ordre d'idées. —Assurons-nous maintenant directement s'il
est bien réel que les Hautes-Alpes présentent, dans la nature
de leur sol et de leur climat, des caractères qui leur soient

---

(1) Depuis la première publication de cette Étude, les torrents ont
été recherchés et étudiés sur un grand nombre de points. Leurs cônes
de déjection sont signalés maintenant par tous les géologues, à côté
des dunes, des cordons littoraux, des deltas, des tourbières, etc.,
parmi les terrains de formation contemporaine. — Un mémoire,
publié en 1857, par M. *Gras*, ingénieur en chef des mines, a fait
connaître en détail ceux de l'Isère. —On les retrouve en Savoie, dans
le Piémont, en Suisse. Il est remarquable que, dans ce dernier pays,

particuliers. Cette nouvelle vérification rendra la démonstration complète.

---

les torrents n'apparaissent guère que dans les chaînes méridionales, voisines de l'Italie : c'est l'influence du climat.

Je les ai remarqués surtout dans la vallée du Rhin supérieur, conduisant au Splugen, entre *Reichenau* et *Thusis*. Mais les plus nombreux et les plus terribles sont dans la vallée du Tessin, qui a été ruinée par leurs ravages, en 1868. J'ai eu l'occasion de la parcourir, quelque temps après ce désastre, et je n'ai rien vu de plus désolant dans les Hautes-Alpes. — Si la Suisse ne prend pas de grandes et sérieuses mesures, certaines parties de son territoire seront réduites insensiblement à l'état des Alpes françaises.

CHAPITRE XXI.

INFLUENCE DU CLIMAT.

C'est un fait d'expérience que les crues des torrents n'ont jamais lieu qu'à la suite des *fontes de neige* ou des *orages* (chap. IX). L'énergie des crues varie avec celle de ces deux causes; et si celles-ci venaient toutes les deux à cesser, les ravages des torrents cesseraient en même temps. — Or l'une et l'autre de ces causes se produisent ici accompagnées de circonstances propres à en augmenter l'intensité, et plus spéciales aux *Hautes-Alpes* qu'aux autres montagnes de la France.

Étant plus élevées, elles pénètrent plus avant dans la région des longues neiges. Elles les reçoivent sur une plus grande superficie, les conservent plus longtemps, et, par cela même, en amoncellent davantage. Au retour du printemps, le soleil, à cause de la latitude du pays, prend de suite une grande chaleur. Souvent il arrive du sud des vents chauds qui hâtent encore l'effet de l'insolation. — Il en résulte que la fonte, au lieu de s'opérer peu à peu, se fait tout d'un coup. Dans deux jours, toute la masse est écoulée et la débâcle est terminée.

— Voilà déjà une première cause de dégradation, plus énergique ici qu'ailleurs; mais il y en a d'autres.

J'ai déjà dit que les pluies étaient rares dans ces montagnes, mais toujours très-épaisses. On n'y connaît ni les brouillards, ni les brumes, ni ces pluies fines, longues, continues, qui sont, dans une grande partie de la France, l'état normal de l'atmosphère pendant six mois de l'année. — Rien n'égale la pureté de l'air et l'inaltérable sérénité du ciel de ces montagnes ; mais cet air si limpide, ce ciel toujours bleu, l'un des grands charmes de cette austère contrée, sont pour l'habitant le plus funeste des présents. Comme ils rendent les pluies plus rares, ils les forcent par là même de tomber en flaques énormes (1).

Je m'explique. — Il est reconnu que la quantité d'eau qui tombe annuellement dans les pays de montagnes, toutes choses égales d'ailleurs, est plus grande que dans les pays de plaines. Il est reconnu aussi que cette quantité augmente à mesure qu'on s'approche des tropiques. Par conséquent, il doit tomber ici annuellement une quantité de pluie au moins égale à celle qui tombe dans le même temps à Paris. Mais tandis que la chute, à Paris, se distribue en un grand nombre de jours pluvieux, elle se consomme ici en entier dans quelques averses d'orage (2).

De plus, cette rareté des pluies fait de ce climat un des

---

(1) « C'est ainsi que l'on passe, dans les Alpes, des mois, presque « des années, sans recevoir de pluies. Puis tout à coup les nuages arrivent de tous les points de l'horizon, s'entassent comme pressés par « des vents opposés, et fondent en torrents qui entraînent tout dans « leur cours. »

(Mémoire de M. Dugied.)

(2) On lit, par exemple, dans un Annuaire du département des Hautes-Alpes (année 1835), qu'en 1807, il n'y eut que dix-sept jours de pluie ou de neige dans tout le courant de l'année.

plus secs de la France : c'est la Provence transportée au milieu des Alpes. Faute d'humidité, le gazon et les arbres y poussent donc plus difficilement, et le sol a plus de peine qu'ailleurs à se défendre contre l'action de pluies plus destructives (1).

Ces conditions rendent le climat des *Hautes-Alpes* plus hostile à la conservation du sol, je dirai presque plus dissolvant que celui des autres montagnes de la France. Son influence peut être mise hors de doute par une observation directe, faite ici sur les lieux.

Il existe un point de passage très-remarquable, où le ciel passe presque subitement du climat de la Provence au climat du Nord : c'est le col du *Lautaret*. — A mesure qu'on s'élève vers le col, en remontant la vallée de la *Durance*, puis celle de la *Guisanne*, son affluent, on voit la sérénité du ciel se troubler, et les jours pluvieux devenir de plus en plus fréquents. Lorsqu'on a dépassé le col, on pénètre dans la gorge de *Mallaval*, creusée par la *Romanche*; puis, en suivant le même cours d'eau, dans le pays appelé l'*Oysans*, qui fait partie du département de l'Isère. — Ici, la transformation du climat est devenue complète. Les pluies sont très-fréquentes; et, au lieu de tomber par averses, elles se prolongent et se fondent pour ainsi dire en bruines. Presque toujours l'air est humide et chargé de vapeurs. On voit les brouillards ramper sur les flancs des montagnes, s'accrocher par flocons aux escarpements des rochers, et envelopper

---

(1) Voyez sur l'action destructive des pluies violentes les exemples cités par *Daubuisson* (*Traité de géognosie*, tome Ier, page 115). — Voyez aussi la note 8.

souvent la vallée tout entière. — On est entré dans le climat du Nord, le même qui règne à *Grenoble*, et qui tranche d'une manière frappante avec celui d'*Embrun*, où les brouillards sont un phénomène à peu près ignoré.

De cette différence dans le climat découlent des différences dans le caractère des torrents. — Les montagnes qui encaissent la vallée de la *Romanche* présentent, dans beaucoup de parties, le même genre de terrain que celles du bassin d'*Embrun* : c'est un calcaire ardoisé noir, remarquable par son excessive friabilité, et dont je parlerai tout à l'heure. Mais ce même terrain qui, dans l'*Embrunais*, est rongé par une multitude de torrents redoutables, ne montre dans l'*Oysans* que de rares torrents presque effacés, et nullement comparables aux premiers. — Dans la dernière contrée, on voit des montagnes dressées sur des talus très-rapides, et, quoique déboisées, elles sont à peine sillonnées par quelques minces filets, parce qu'elles sont revêtues de végétation sur toute leur hauteur. Dans l'*Embrunais*, au contraire, de pareils revers, aussi roides et non recouverts de forêts, seraient immanquablement la proie des torrents,

Telle est l'action hygrométrique du climat. Là, où le sol est constamment baigné par une atmosphère humide, les revers se tapissent spontanément de verdure, et les eaux pluviales n'ont plus de prise. Ici, où l'air est toujours sec, la végétation prend avec plus de peine, et les averses la balayent de la surface du sol, à mesure qu'elle tente de s'y fixer.

Ainsi l'humidité du climat empêche l'action des torrents par deux raisons également puissantes : — Premièrement, elle coïncide avec des ondées plus rares et moins violentes. Secondement, elle rend le sol plus solide en favorisant la végétation qui le recouvre. Elle diminue donc du même coup deux causes d'érosion.

S'il pouvait encore rester quelque doute sur le rôle actif que joue le climat dans la production des torrents, je citerais une observation générale, qui a été faite depuis longtemps dans ces montagnes. — Quand on parcourt les vallées dirigées de l'Est à l'Ouest, ou réciproquement, on remarque que les versants tournés du côté du Nord sont généralement boisés ou tapissés de végétation, tandis que ceux tournés vers le Sud sont dénudés et arides. On observe en même temps que les premiers sont beaucoup moins infestés par les torrents que les seconds; et le contraste est souvent tel que l'on voit des revers horriblement mutilés par les torrents en face d'un autre revers, sur lequel il n'en existe pas un seul (1).

— Or, il est évident qu'une pareille différence dans la manière d'être de deux revers, qui sont presque toujours formés des mêmes terrains, ne peut s'expliquer que par l'influence de l'*exposition*. Et comment agit l'exposition, si ce n'est en tempérant dans les versants tournés au Nord les effets du soleil méridional ? Ils gardent plus longtemps les neiges, retiennent mieux l'humidité, sont à l'abri des vents brûlants du Sud, jouissent de tous les avantages de l'ombre et de la fraîcheur, etc. Tous ces effets s'ajoutent, et soumettent en réalité ces versants à des conditions climatériques différentes de celles qui agissent sur les versants

---

(1) Par exemple, dans la vallée du *Drac*, près d'*Orcières*, — dans la *Vallouise*.

opposés, quoiqu'ils soient placés tous les deux sous le même ciel (1).

---

(1) Voir, comme complément de ce chapitre, la note 8, dans laquelle je rapporte textuellement un passage de la géologie de *Labêche,* où l'influence du climat sur les dégradations du sol est très-bien développée.

« Si des pluies semblables à celles des Tropiques, dit ce géo-
« logue, venaient à se précipiter tout à coup sur les Alpes, elles pro-
« duiraient des effets bien différents de ceux que nous observons
« actuellement dans ces mêmes contrées. On verrait se former tout à
« coup des torrents, dont les habitants actuels de ces montagnes
« n'ont aucune idée... »

Or ces pluies diluviennes, qui ne sont dans la pensée de Labêche qu'une pure hypothèse, constituent réellement le régime atmosphérique de certaines régions méridionales des Alpes ; — et c'est ce qui fait que les ruisseaux y sont devenus des torrents.

CHAPITRE XXII.

INFLUENCE DE LA NATURE DU TERRAIN.

Je passe à la seconde cause, savoir, la nature géologique du sol de ces montagnes.

Si nos prévisions sont légitimes, nous devons trouver dans les terrains des *Hautes-Alpes* une constitution particulière et distincte de celle des autres montagnes de la France. — C'est en effet ce qui est pleinement confirmé par l'observation.

Sans entrer dans l'étude détaillée des couches, on peut distinguer dans la masse de ces montagnes trois grandes formations : — L'une, inférieure, comprenant des calcaires qui appartiennent au deuxième étage du lias (*groupe oolithique*);—L'autre, superposée à la précédente, comprenant le grès vert et les calcaires à nummulites qui s'y rapportent (*groupe crétacé*); — Enfin, la troisième, supérieure, comprend diverses variétés du terrain tertiaire : les *brèches*, la *mollasse*, les *dépôts lacustres* (*groupe supracrétacé*).

Le *gneiss*, le *granit* et les *roches primitives* ne viennent au jour que dans les sommités les plus élevées. Le *schiste talqueux du Queyras* ne se rencontre aussi que dans un petit nombre de vallées. Enfin, les *roches d'émission* sont dispersées çà et là comme des accidents. Tous ces terrains, durs et compacts, n'apparaissent donc que par lambeaux, affectés à quelques localités (1).

Mais ce qui forme la masse générale, la véritable substance de ces montagnes, c'est la triple formation du *lias*, du *grès vert* et de la *mollasse*. Et par-dessus ces roches s'étendent en amas irréguliers et par couches souvent très-épaisses, ces terrains meubles, déjà cités, formés par la décomposition et le délavement des roches supérieures, et qui semblent de la boue graveleuse et sèche, enchâssant des blocs épars.

Tous ces terrains, relevés sur des inclinaisons très-fortes, forment généralement des masses peu solides et facilement altérables, sous l'action combinée des eaux, de la pesanteur et des agents atmosphériques. Telle est la friabilité de plusieurs de ces roches, qu'elles se délitent par le seul fait de leur exposition au soleil, sans le concours de l'humidité ni de la gelée. — C'est ce qui rend plusieurs passages de routes si coûteux à entretenir, si constamment malpropres, et souvent même si périlleux (2). — Certaines

---

(1) Voir la *Statistique minéralogique des Hautes-Alpes*, par M. *Gueymard*, ingénieur en chef des mines, 1838.

(2) A la *Saulce*, à *Prunières*, au *Serre-du-Buis*, à *Montmirail*, à *Malfosse*, etc., mais surtout aux *Ardoisières*, sur la route n° 91. Ce dernier passage, par les temps pluvieux, devient très-dangereux, et il est fréquemment intercepté par les éboulements des roches feuilletées, dans lesquelles il est taillé. La détonation d'une arme à feu suffit quelquefois pour déterminer ces chutes.

variétés de calcaire, qui présentaient tous les caractères d'une grande dureté, et qui, sur la foi de cette apparence, avaient été exploitées pour en faire des enrochements, se sont réduites en terreau au bout de deux ans (1).

Or, tout cet ensemble de terrains, vraiment remarquables par leur incohésion, ne se retrouve pas dans les autres montagnes, ou, du moins, ne s'y retrouve pas avec les mêmes caractères. Les calcaires du *lias* ne ressemblent pas au calcaire du même étage qu'on observe ailleurs; ils s'en séparent même si complétement par leur apparence extérieure, que le classement en est resté fort longtemps douteux, et n'a été arrêté avec quelque certitude que dans ces dernières années. C'est en suivant les mêmes bancs jusqu'au dehors de ces montagnes, et en les voyant reprendre peu à peu les caractères généraux et bien connus du *lias*, qui étaient ici complétement dénaturés, qu'on est parvenu à constater leur identité de formation (2).

Sans sortir de l'enceinte du département, on peut s'assurer de l'influence qu'exerce la nature du sol sur l'apparition

---

(1) On voit cela au pied de la digue de la *Saulce*, sur la Durance. — Ce n'est pas seulement une simple désagrégation physique : il y a une véritable séparation de principes. La pierre, en se délitant, se tapisse d'efflorescences blanches, salines, qui paraissent être de l'*alun*, et qui sont le produit d'une décomposition intérieure. Elle se dépouille ainsi d'une partie de ses éléments, et perd tout à la fois sa cohésion physique et sa constitution chimique.

(2) L'altération de ce *lias* a été comparée par M. *Élie de Beaumont* à celle d'un morceau de bois, à demi brûlé, dont on peut suivre le tissu fibreux, depuis la partie complétement carbonisée jusqu'à la partie demeurée intacte. Cette comparaison a été souvent reproduite parmi les géologues.

des torrents. Ils abondent dans les chaînes formées par les terrains les plus tendres. — Ils deviennent plus rares et moins redoutables, lorsqu'on avance vers les roches plus compactes. — Enfin, dans les terrains primitifs, ils manquent tout-à-fait.

Par exemple, les torrents ne sont nulle part ni plus furieux, ni plus multipliés que dans la région qui s'étend depuis *Gap et Tallard* jusqu'au village de *Saint-Crépin*, et qui comprend la vallée d'*Embrun*. Dans toute l'étendue de ce bassin, la base des montagnes est formée d'un calcaire ardoisé, à texture feuilletée, de couleur sombre, et caractérisé par des empreintes de *belemnites*.

Cette roche présente au plus haut degré tous les caractères d'incohésion qui ont été décrits plus haut. C'est dans ce terrain que se creusent en tous les sens d'innombrables ravins, aux berges arides et bleuâtres, qui donnent aux montagnes d'*Embrun* une physionomie si caractéristique. Ces berges sont souvent délitées à un tel point, qu'en essayant de les gravir, on enfonce dans les détritus jusqu'aux genoux; pourtant ce sol est délavé fréquemment par les orages, et la roche vive est remise à nu plusieurs fois dans l'année. —C'est encore ce même terrain qui, en se délayant dans les eaux, forme cette boue noirâtre et tenace, qui rend les ravages si particulièrement incurables.

La présence de ces terrains est tellement liée à celle des torrents que dans les *Basses-Alpes*, où les cours d'eau de ce genre sont plus rares et beaucoup moins violents, une seule vallée les présente sur l'échelle formidable de ceux d'*Embrun;* et cette vallée offre précisément ce même genre de calcaire (1).

Achevons ces preuves. — Dans la vallée de la *Romanche,* où le terrain devient primitif, les torrents cessent brusquement. On peut observer là un contraste extrêmement remarquable. Une cascade marque le passage des calcaires aux gneiss (2). Du côté des gneiss, la montagne se dresse à pic sur une hauteur de près de 500 mètres, et les cours d'eau se précipitent en cascades. Du côté des calcaires, le même revers s'incline suivant un profil accidenté, semé de villages, et les cours d'eau le creusent en y formant des torrents (3). Ceux-ci, à la vérité, ne sont pas remarquables par leur énergie : c'est là l'effet du climat que j'ai signalé plus haut, car ils sont situés de l'autre côté du Lautaret, où commence le ciel pluvieux du Nord. Mais l'influence de la nature du sol, observée sur ces deux terrains de nature différente, qui se touchent et sont soumis au même climat, n'en est pas moins démontrée d'une manière décisive (4).

On peut observer aussi beaucoup de bassins de réception qui sont creusés dans des gîtes de *gypse.* Ce genre de terrain

---

(1) La vallée de l'*Ubaye,* dans laquelle est située *Barcelonnette.*

(2) La cascade des *Fréaux.* Elle est formée par le ruisseau du *Gas,* qui traverse un plateau couvert de magnifiques prairies, et tombe du haut d'une falaise dans la vallée de la *Romanche.* La hauteur de la chute est d'environ 200 mètres.

(3) Par exemple, le torrent de *Maurienne* (improprement dit *Mauriand*), — celui de la *Ruine,* de *Malatret,* etc., etc.

(4) On a l'exemple d'un fait semblable dans les *Basses-Alpes,* près du *Martinet,* vallée de l'*Ubaye.* Le calcaire passe de la texture schisteuse à une texture compacte : aussitôt les torrents disparaissent, et l'*Ubaye* s'encaisse entre des berges solides et **abruptes.**

se décompose surtout avec une extrême facilité sous l'influence de l'eau. — Il semble que cette propriété ait attiré en quelque sorte les torrents ; car elle a provoqué leur formation sur des points où il n'existe pas d'autre motif qui puisse en rendre compte (1).

Tout fortifie donc cette conclusion, que la constitution géologique des *Hautes-Alpes* est la principale cause des torrents, cause à côté de laquelle le climat lui-même n'apparaît plus que comme une condition adjuvante. — Maintenant on peut à cette raison première en rattacher plusieurs autres qui s'y enchaînent, et n'en sont, au fond, que des corollaires.

Ainsi, la formation récente des calcaires qui ont été relevés dans les *Hautes-Alpes* place cette chaîne, dans l'échelle des âges, à la suite de la plupart des montagnes de l'Europe. C'est là du moins ce qu'annonce la théorie de M. *Élie de Beaumont*. Dans cette même théorie, les soulèvements les plus récents ont dû être en même temps les plus violents, puisqu'ils s'exerçaient sur des croûtes plus épaisses, et probablement déjà tourmentées par des mouvements antérieurs. — Cette cause a pu achever d'enlever toute cohésion aux terrains des *Hautes-Alpes*, qui se trouvaient déjà, par la nature même de leur composition et de leur structure, si peu solides.

Dans le fait, on voit ici, de quelque côté qu'on se tourne, le désordre d'une terre disloquée dans tous les sens, et bouleversée d'une façon terrible. Certaines vallées présentent

---

(1) Le torrent de *Pals*, — de *Saint-Joseph*.

l'image du plus affreux chaos. Les roches les plus compactes sont brisées, et comme broyées jusque dans leur noyau. — Voilà ce qui explique comment, dans un pays où les carrières s'ouvrent à chaque pas, il n'a pas été possible jusqu'ici de découvrir une seule bonne et saine qualité de pierre de taille. Voilà encore pourquoi les gîtes métallifères, disséminés avec profusion dans le haut du département, affectent des allures si capricieuses, qui déroutent les exploitations et confondent toutes les prévisions de la science.

Enfin, n'est-il pas possible que l'âge relativement récent de ces montagnes, ait laissé moins de temps aux eaux pour se créer un régime stable, comme aux montagnes pour revêtir les formes qui mettent leur surface en équilibre avec la pesanteur et les agents extérieurs? — Sans insister sur cette pensée, dont le développement me mènerait trop loin, je ferai remarquer que de pareilles transformations, engendrées lentement par le travail accumulé des siècles, doivent nécessairement traverser une série d'états intermédiaires, depuis le chaos par où elles commencent, jusqu'à la stabilité parfaite vers laquelle elles tendent. On doit donc surpendre ce travail à différents degrés d'avancement, selon que les montagnes sont plus ou moins jeunes, et c'est dans les plus anciennes qu'il doit être le plus près de la stabilité finale.

Si cette dernière considération n'est pas tout à fait vaine, on doit, parmi ce grand nombre de torrents disséminés dans les Alpes, en trouver quelques-uns qui soient déjà parvenus à cette période de stabilité, où le frottement des eaux est en équilibre avec la résistance du lit. Ceux-là ne devront plus exercer de ravages; leur fureur sera épuisée, et ils s'écouleront à la manière des ruisseaux tranquilles. — C'est là en effet ce qu'on va voir (1).

---

(1) Complétons tout ceci par une dernière remarque.

On a vu que les environs d'*Embrun* étaient, plus qu'aucune autre localité, infestés par les torrents. — Cela s'explique facilement par les considérations qui viennent d'être développées.

Embrun est placé sous le ciel de la *Provence*, et ses montagnes sont en calcaire feuilleté très-tendre. Son territoire est donc placé, en quelque sorte, à l'intersection même des deux causes, qui forment les torrents; elles s'y ajoutent, et l'effet de l'une s'augmente par l'effet de l'autre. — Quand on monte vers le nord, on marche sur le même terrain, mais en passant sous un ciel différent. Quand on descend vers le midi, on reste sous le même ciel, mais en foulant des terrains d'une autre nature. A *Embrun*, on trouve la malheureuse coïncidence du terrain le plus décomposable et du climat le plus destructeur. Il y a donc là un *maximum d'effet*, dû à la conjonction de ces deux causes.

CHAPITRE XXIII.

AGE DES TORRENTS.

On est souvent frappé, en parcourant le département, par l'aspect d'un monticule aplati, placé à la sortie d'une gorge, et dont la surface est dressée en éventail, suivant des pentes très-régulières : c'est le cône de déjection d'un ancien torrent.

Quelquefois, il faut une longue et minutieuse attention pour discerner la forme primitive, masquée comme elle est par des massifs d'arbres, par des cultures et souvent même par des habitations. Mais lorsqu'on l'examine avec soin et sous plusieurs aspects, la figure si caractéristique des lits de déjection finit par apparaître très-nettement, et il devient impossible de s'y méprendre. Le long du monticule découle un petit ruisseau, qui sort de la gorge et traverse tranquillement les champs : c'est lui qui formait l'ancien torrent. — Dans le fond de la montagne, on découvre l'ancien bassin de réception, reconnaissable aussi par sa forme.

Ces torrents *éteints* (qu'on me passe cette expression) sont plus multipliés qu'on ne le pense d'abord. On en découvre un grand nombre, dès qu'on a une fois la clef de cette recherche, et qu'on dirige l'attention de ce côté.

L'emplacement du bourg de *Savines*, entre Gap et Embrun, peut être cité, entre autres, comme un exemple fort remarquable de ce genre de formation.

Le bourg tout entier, avec une partie de son territoire, est couché sur un cône de déjection, dont la largeur dépasse 1,500 mètres, et couvert de champs fertiles. La nature de ce terrain n'est pas douteuse, non plus que son origine. Il a été fouillé jusqu'à de grandes profondeurs par les puits du bourg. Les tranchées d'une route nouvellement rectifiée l'ont éventré dans toutes sortes de directions. Dans le bas, la *Durance* a taillé des berges de plus de 70 pieds de hauteur, qui forment comme une coupe naturelle en travers du lit. Il se trouve donc à jour de tous côtés, et peut être étudié avec une extrême facilité. Partout, il se compose de pierres roulées, agglutinées par une boue calcaire. Ce poudingue est étendu par lits réguliers, parallèles à la courbure de la surface ; il devient plus dur et plus grossier à mesure qu'on le prend plus bas, et finit par former une sorte de béton très-compact. — Quant à la forme caractéristique, on la distingue de loin, surtout en se plaçant du côté de l'Est. Le bourg est bâti sur la région culminante ; les champs sont jetés à l'entour. Dans le fond s'élève la montagne qui recèle le bassin de réception, enseveli maintenant sous de noires forêts de sapins : elle domine tout ce territoire (1). Enfin, vers le couchant et à l'extrémité du bourg, coule le paisible ruisseau, auteur de ces antiques dépôts ; il s'est

---

(1) Cette montagne s'appelle le *Morgon*.

encaissé dans ses propres alluvions entre des talus profonds, tapissés de belles prairies.

Il est à remarquer que l'extinction de ce torrent, quoique fort ancienne, puisqu'elle remonte à une époque immémoriale, est néanmoins postérieure aux premiers établissements humains dans ces montagnes. En effet, on a déterré des pierres à four et du charbon, enfouis à de grandes profondeurs dans le sol. Ces débris témoignent qu'il y avait là des hommes à une époque probablement antérieure aux âges historiques, lorsque le torrent, en pleine action, exhaussait encore son lit de déjection. Le nom du ruisseau semble même annoncer que le torrent avait conservé sa violence jusqu'à des temps plus rapprochés de nous (1).

Ces détails ne peuvent laisser aucune ombre, ni sur le fait lui-même, ni sur son interprétation. Ils se rapportent, non à un cas particulier, isolé, mais à un ordre de choses tout à fait général, dont les exemples sont très-répandus et fourniraient chacun la matière à des observations exactement semblables (2). On doit donc

----

(1) Il se nomme *Branafet* : ce nom paraît être une corruption de celui de *Bramafam*, commun à plusieurs torrents ; comme si, en perdant sa violence, il avait perdu aussi le nom qui la révélait.

(2) Ici les exemples se pressent. Je citerai :

— Le ruisseau du *Vallon,* et plusieurs autres dans la vallée de la *Clarée.*

— Le ruisseau d'*Insaludey,* de *Saint-Joseph,* et plusieurs autres dans la vallée de la *Guisanne.*

— Le ruisseau de *Saint-Jacques,* sur la *Durance,* près *Briançon.*

— Le ruisseau de la *Fare,* qui porte le village de la *Roche* bâti sur ses déjections.

— Le ruisseau de *Chanteloube,* etc., etc.

Le ruisseau de *Saint-Sébastien* , sur la Durance, près de *Briançon,*

admettre, comme une chose démontrée, que la violence des torrents n'est pas indéfinie dans sa durée, et qu'elle peut s'arrêter, soit qu'elle ait accompli un effet dé - terminé, soit qu'elle ait rencontré quelque cause qui l'étouffe.

Les torrents qui présentent ces cas sont vraisemblablement ceux dont la formation est la plus ancienne. — Pour vérifier cette conjecture, je saute de suite à l'extrémité opposée de l'échelle.

On sait déjà que certains villages sont bâtis dans les régions mêmes où débouchent des torrents en pleine action : telles sont les *Crottes;* tel est le bourg de *Chorges.* Il est infiniment probable que leurs fondations ont précédé l'apparition des torrents qui les menacent aujourd'hui. D'une part, ces deux localités sont très-anciennes : *Chorges*, par exemple, est bien positivement antérieure à l'ère chrétienne. D'autre part, les deux torrents ne peuvent pas avoiragi depuis longtemps avec l'énergie qu'ils ont aujourd'hui. Leur pente se brise brusquement à l'issue de la gorge; leur lit de déjection n'est pas encore régulièrement formé. Celui de *Chorges* a exhaussé son lit de 6 mètres dans ces quinze dernières années; s'il avait suivi la même progression depuis mille

---

aujourd'hui encaissé et passant sous un pont, a formé, par la masse de ses alluvions, comme une seconde montagne au pied de la montagne la *Roche-Baron.* Le village de *Saint-Martin-Queyrières* est bâti sur ce lit, et la route royale n° 94 est taillée dans les déjections, sur une longueur de plus de 1,200 mètres.

Il y a aussi une grande quantité de torrents éteints dans la vallée de l'Isère.

ans seulement, le bourg serait depuis longtemps enseveli sous une montagne de dépôts. — Celui des *Crottes* est un gros ravin qui n'est devenu inquiétant que dans ces dernières années.

On peut citer des cas plus concluants encore. — Une église de la vallée de *Dévoluy* est menacée par un torrent qui se dirige droit sur l'édifice (1); on l'a contenu par une digue construite depuis une vingtaine d'années. Comment admettre qu'un pareil monument, dont la construction paraît assez soignée, ait été bâti sous la bouche même d'un torrent? Le style de son ornementation remonte au commencement du treizième siècle. Donc le torrent n'existait pas au treizième siècle; donc, il y a des torrents formés depuis les temps historiques.

Mais, sans quitter la même contrée du *Dévoluy*, on peut citer des exemples de formations bien plus récentes encore. Là des torrents complets se sont développés sous les yeux de la population contemporaine, et dans des lieux où il n'y en avait pas l'apparence autrefois. Plusieurs même n'ont pas encore reçu de noms, et ils exercent déjà des ravages.

En parcourant d'autres localités, on recueille des observations semblables. Des torrents récents se creusent sur tous les points; partout surgissent des exemples nouveaux qui attestent l'abondance et la rapidité de ces formations, et bientôt on s'arrête consterné devant cette masse de

---

(1) L'église d'*Aguères*.

faits, qui sont un bien sinistre présage pour l'avenir du pays (1).

Donc, en nous résumant, des torrents peuvent se former de nos jours, et plusieurs remontent à peu d'années.

Enfin, comme s'il ne devait pas manquer un seul anneau à cette chaîne des âges, il existe des torrents qui se placent par leur forme et par leurs effets entre les torrents éteints et les torrents en pleine activité. Ceux-là ne sont pas encore encaissés d'une manière stable au milieu des déjections, mais ils ne divaguent plus que sur une petite partie de leur lit. Le reste est couvert de cultures, de bois, de maisons, et paraît délaissé par le torrent depuis un temps immémorial (2). — On découvre toutes sortes de degrés dans cette transition, qui commence à l'établissement de la *pente-limite*, et qui se termine à l'extinction la plus complète.

---

(1) En face de l'esplanade d'*Embrun*, on voit la montagne de Saint-Sauveur, déchirée par une multitude de torrents du troisième genre. Ils croissent pour ainsi dire sous les yeux des habitants de la ville. L'un d'entre eux, nommé *Piolit* (*petit lit*), et qui n'était, il y a une trentaine d'années, lorsqu'il a reçu ce nom, qu'un tout petit ravin, est devenu un grand et complet torrent.

. La montagne qui s'étend depuis *Orcières* jusqu'à la vallée de *Champoléon*, sur la rive droite du *Drac*, est ravagée par une telle quantité de torrents, qu'elle semble devoir s'abîmer en masse dans la rivière. —Ces torrents sont la plupart récents, et les vieillards du pays les ont vus naître et se développer.

(2) Le torrent de *Sainte-Croix*, près de *Briançon*.

— Les torrents d'*Esparse*, de *Merdarel*, et plusieurs autres dans la vallée du *Drac* (près d'*Orcières*).

— Dans la *Vallouise*, le torrent du *Gaulon*, celui de *Champaris* et plusieurs autres.

Les torrents de *Prareboul* et de l'*Ascension* sont cultivés sur la plus grande partie de leurs lits.

La stabilité commence ordinairement à se manifester vers les extrémités du lit; la végétation s'y fixe, avance, et finit par envahir la surface tout entière des déjections (1).

---

(1) J'anticipe ici sur la Suite annexée à cette Étude, en 1870, pour prévenir le lecteur que, depuis notre première publication, les torrents *éteints* ont été retrouvés en grand nombre dans d'autres montagnes.

Dans un mémoire publié dans les *Annales des Mines*, en 1848, M. *Gras* a fait connaître spécialement et en détail les torrents éteints du département de l'Isère. — M. *Breton* a donné, en 1867, la carte des cônes de déjection répandus dans le Grésivaudan. Ils présentent cette particularité que les bases des cônes ont été presque partout tronquées par les érosions de l'Isère.

« Sur la rive gauche de l'Isère, dit M. Gras, en amont de Grenoble,
« on observe, sur une longueur de 4 myriamètres, plus de vingt cônes
« de déjection éteints, de toutes les dimensions. On en voit aussi sur
« le côté opposé de la vallée. Un des plus remarquables par sa vaste
« étendue est celui qui comprend une grande partie de la commune
« de la *Tronche*..... Sa traversée n'a pas moins de 2,500 mètres, et sa
« hauteur au-dessus de la plaine est de plus de 70 mètres. . . . . . .

« . . . . . L'énumération précédente des lits de déjection éteints,
« dit M. Gras en terminant, ne peut donner qu'une faible idée de
« leur multiplicité dans le Dauphiné..... Leur existence constitue un
« fait général dans ce pays, et probablement dans les Alpes en-
« tières. . . . . . . »

CHAPITRE XXIV.

RÉFLEXIONS SUR L'AGE DES TORRENTS.

Les faits qui viennent d'être exposés vont me servir à éclaircir plusieurs choses qui ont pu paraître d'abord obscures et mal prouvées, parce qu'il n'était pas possible d'en donner de suite des explications complètes.

D'abord, l'existence des torrents modernes explique tout naturellement quelle est la véritable origine de ces lits de déjections, dont les pentes sont *imparfaites* et dont la courbe se brise à l'entrée de la gorge.

On conçoit aisément que lorsqu'un torrent nouveau se forme, il ne peut pas, du premier jour où commence son action, modifier le profil naturel du terrain ; il est obligé de mouler son lit sur le relief qui lui est offert, quelque irrégulier qu'il soit d'ailleurs, et ses déjections s'entasseront longtemps avant d'avoir pris la figure qui leur convient.

Quant aux torrents arrivés à la *pente-limite,* ils correspondent à ces cours d'eau, de formation plus ancienne, qui ont travaillé pendant longtemps à l'établissement de leur lit, et sont tout près de s'encaisser ou de s'éteindre : j'en ai cité des exemples à la fin du chapitre précédent. — La pente-limite est donc le symptôme qui précède et annonce l'extinction.

Enfin, les torrents éteints nous démontrent que la violence des torrents peut s'arrêter à un certain terme où les eaux s'écoulent tranquilles, et où la courbe du lit demeure stable.

Il est donc bien vrai que les torrents, comme tous les cours d'eau, tendent sans relâche à la stabilité (*chap.* 1 et 5). Leur travail si énergique, leurs exhaussements, leurs affouillements, les variations continuelles de leur lit, ne durent que le temps qu'il faut pour mettre, en tous les points du cours, leur vitesse en équilibre avec les formes et la ténacité du sol. C'est ainsi qu'ils affouillent dans leurs parties supérieures, jusqu'à ce qu'ils aient mis à découvert un sol plus résistant, ou que, par l'arrangement des pentes, leur vitesse soit convenablement amortie. S'ils exhaussent au contraire dans le bas, c'est qu'ils n'ont pu encore se créer un plan suffisamment incliné pour rouler leurs alluvions jusqu'à la rivière. Quand ces effets sont accomplis, tout s'apaise, tout rentre dans l'ordre.

L'érosion des torrents dans les bassins de réception a deux résultats : elle les élargit de plus en plus, en emportant toutes les terres friables ; ensuite, elle relève de plus en plus les pentes vers l'origine de la courbe du lit (*chap.* 5).

Il résulte de là qu'à la suite d'un grand nombre d'années, il ne restera plus debout, dans cette région, que des roches solides, tout ce qui était affouillable ayant été emporté par les eaux ; et le torrent aura son origine au pied d'une muraille de roches escarpées, formant une enceinte irrégulière autour de l'ancien bassin. — Telle est en effet, la forme que tendent à prendre tous ces bassins, de même que toutes les cimes de montagnes. Telle est aussi la figure par laquelle se terminent la plupart des torrents éteints. — Je dis la plupart; car nous verrons tout à l'heure que l'extinction a été produite le plus fréquemment par d'autres causes, dont l'effet est beaucoup plus prompt et plus décisif que ce lent et pénible rongement de la montagne, qui ne s'arrête que faute d'aliments, et force, en quelque sorte, le torrent à périr d'inanition, en ne lui laissant plus rien à dévorer.

Nous pouvons maintenant lier ensemble diverses propriétés constatées successivement, comme des faits d'observation, dans le courant de cette étude. — Nous fixerons par là les caractères de trois espèces distinctes de torrents.

Dans la première espèce, nous trouvons les caractères suivants :

1° Les pentes des lits de déjections sont *imparfaites*, c'est-à-dire qu'elles sont visiblement trop faibles pour l'entraînement des matières qui tombent dans le lit (*chap.* 5).

2° La courbe du lit se brise à la sortie de la gorge (*chap.* 5).

3° Les exhaussements sont extrêmement rapides (*chap.* 6).

4° Ils ne peuvent jamais être encaissés (*chap.* 6).

5° Enfin, leur origine est récente (*chap.* 23).

Il suffit de parcourir la série de ces propriétés pour voir comment elles s'enchaînent et s'expliquent naturellement l'une par l'autre. Je ne m'y arrête pas.

La deuxième espèce est caractérisée ainsi qu'il suit :

1° Les pentes du lit de déjection sont telles que le torrent pourrait entraîner ses alluvions. C'est ce que nous avons appelé les *pentes-limites* (*chap.* 5).

2° La courbe du lit est continue dans le passage de la gorge au lit de déjection (*chap.* 5).

3° Les eaux divaguent sur leurs déjections et n'exhaussent plus qu'en vertu de cette mobilité (*chap.* 6).

4° Ils ne sont pas impossibles à encaisser (*chap.* 15).

5° Leur origine est ancienne (*chap.* 23).

Enfin, la troisième espèce comprend les torrents éteints, sur lesquels il est inutile de revenir.

Ces trois sortes de torrents n'expriment pas autre chose que trois états, correspondant à des périodes différentes de l'âge de ces cours d'eau. — En parcourant la série des caractères que ceux-ci prennent à ces trois époques de leur développement, et en remarquant qu'entre ces trois types s'intercallent une foule d'états intermédiaires, on assiste réellement à toutes les phases de l'opération par laquelle les torrents créent leur lits. C'est ainsi, pour me servir d'une comparaison bien connue, que l'examen des arbres de différents âges, dispersés dans une forêt, suffit pour nous donner la chaîne de tous les phénomènes de leur croissance, depuis la graine jusqu'à la floraison, et depuis celle-ci jusqu'à la décrépitude.

On peut ainsi diviser l'action des torrents en trois périodes, correspondant à trois âges, et ayant chacune un but et des effets distincts.

— La première période comprend la création de la courbe du lit.

— Dans la deuxième période, la courbe est créée, mais

le cours n'est pas encore fixé. Elle est caractérisée par la présence de la pente-limite, en même temps que par les divagations.

— Enfin, la troisième période correspond à l'établissement d'un régime stable.

Ici s'offrent quelques rapprochements, déjà indiqués plus haut, et sur lesquels je ne puis m'empêcher de revenir avec un peu plus de précision.

Comparons les torrents, lorsqu'ils sont dans la première période de leur action, aux rivières dont la propriété est de divaguer. — Ce qui frappe tout d'abord dans l'un et l'autre genres de cours d'eau, c'est leur caractère d'*instabilité*. Mais dans la Durance et les autres rivières semblables, l'instabilité se manifeste par les déplacements *horizontaux* du lit, tandis qu'elle se manifeste dans les torrents par les altérations *verticales* du fond. Dans les premières, elle n'affecte que le plan; dans ceux-ci, elle affecte le profil en long lui-même.

Or, remarquons d'un côté que les torrents, lorsqu'ils arrivent à leur deuxième période, prennent justement les caractères qui spécifient l'état d'instabilité des rivières. — D'un autre côté, on ne peut douter que la Durance n'ait autrefois créé elle-même son thalweg, en comblant d'anciens lacs et en creusant son lit, tantôt à travers les rochers qui séparaient ces bassins, tantôt à travers ses propres dépôts. C'est là une action toute pareille à celle qui caractérise la première période des torrents : elles tendent toutes les deux au même résultat, c'est-à-dire à la formation d'une courbe de lit régulière au milieu de terrains irréguliers; et elles y parviennent par les mêmes moyens, c'est-à-dire par des exhaussements et par des érosions.

Il suit de là que les deux premières périodes de l'âge des torrents se retrouvent, avec des traits semblables, dans les rivières divaguantes.

Poussons plus loin encore. Toutes les rivières ne sont pas mobiles comme la Durance. Beaucoup se sont fait un lit fixe et un régime stable. Or, les torrents aussi finissent par arriver à la stabilité, et alors on peut leur assimiler ces rivières.

En raisonnant d'après cette analogie, toutes les rivières n'auraient-elles pas, de même que les torrents, préparé leur régime par des périodes d'instabilité ?...

Lorsqu'on considère les larges vallées dans lesquelles coulent la plupart des fleuves qui circulent à la surface du globe, lorsqu'on observe que le fond de ces vallées est plat, nivelé par les eaux, et entièrement formé par leurs alluvions, n'est-il pas permis de croire que tous ces cours d'eau ont eu, pendant une longue série de siècles, des divagations pareilles à celles que nous observons aujourd'hui sur la Durance? Mais peu à peu le champ des oscillations s'est resserré, ainsi qu'on le voit si bien sur les torrents, et comme ceux-ci aussi ils ont fini par s'encaisser, tandis que la Durance et ses congénères, sorties de montagnes plus récentes, sont encore arrêtés aujourd'hui dans la deuxième période.

Ensuite, on a recueilli dans l'étude de ces mêmes rivières une multitude d'observations, qui démontrent qu'elles ont eu anciennement à ouvrir le fond de leur thalweg et à créer leurs pentes, de même que nous l'avons dit pour la

Durance, et de même que nous le voyons faire sous nos yeux aux torrents. Dans l'intérieur des continents, elles approfondissaient les défilés des montagnes, elles déposaient dans les plaines ces masses énormes de terres et de cailloux roulés, que l'on voit aujourd'hui disposées en étages superposés, tout le long de leur cours. Au contact des mers, elles se projetaient en ces immenses deltas, toujours grandissants, sur lesquels se sont assis des royaumes tout entiers, et qui constituent de véritables lits de déjection (*chap.* 5). — Ainsi, ces rivières, à une certaine époque de leur existence, ont agi comme font les torrents dans leur première période.

Résumant ce parallèle, j'oserais donc montrer dans l'action des torrents comme une image fidèle et raccourcie de ce qui s'est passé, ou de ce qui se passera sur toutes les rivières en général.

Dans toutes, je vois trois périodes consécutives, se succédant dans le même ordre et divisant leur existence en trois époques distinctes.

1° Une période de *corrosion et d'exhaussement* qui prépare le fond du thalweg, et dispose partout les pentes pour mettre en équilibre la résistance du sol avec le frottement des eaux. — Elle a pour destination de fixer le *profil en long* des cours d'eau.

2° Une période de *divagation*, où les eaux cherchent la figure de section et les inflexions du cours qui correspondent à la plus grande stabilité; car le cours rectiligne n'est pas toujours naturellement le plus stable, d'abord parce qu'il a plus de pente, ensuite parce qu'il n'amène pas nécessairement le courant sur les points où la rive est la plus solide.

— Ici, l'action des eaux se borne à promener çà et là sur un même plan leur thalweg mal défini, sans emporter ni exhausser notablement le fond ; c'est la masse liquide qui se déplace plutôt que le sol. — Le résultat de cette seconde période est de fixer les alignements du cours, ou, si l'on veut, de déterminer son *plan*.

3° Enfin, une période de *régime*, où les eaux débordent et rentrent dans un lit invariable.

On a vu quelle est la violence des torrents dans la première période. N'a-t-il pas dû en être de même dans la première période de tous les fleuves? Et cette analogie ne pourrait-elle pas servir à expliquer la formation de ces dépôts diluviens, répandus en si fortes masses dans la plupart des grandes vallées?

S'il est vrai que les montagnes aient été soulevées successivement, au milieu de bouleversements dont rien ne peut nous donner l'idée, les eaux ont nécessairement trouvé dans ce chaos la matière d'alluvions énormes. Les fleuves agissaient alors comme nos torrents; mais ces torrents, taillés sur un patron gigantesque, avaient pour bassins de réception des massifs entiers de montagnes, et se précipitaient à travers un sol fraîchement remué et tout autrement affouillable que celui de nos coteaux des Alpes. Joignez à cela que toutes ces causes atmosphériques, que nous avons confondu plus haut sous le nom de *climat*, ont pu agir autrefois avec une toute autre énergie que celles que nous leur voyons aujourd'hui, dans la phase tranquille que nous traversons et dont rien ne nous garantit la stabilité définitive.

J'indique toutes ces choses en courant, n'osant pas m'emporter trop loin de mon sujet. — Chacun peut comprendre, du reste, qu'une masse d'eau roulant sur le sol doit avoir la même façon d'agir, et obéir aux mêmes lois, soit qu'elle forme un torrent, soit qu'elle constitue un grand fleuve, et que les actions ne peuvent différer que par les degrés divers d'intensité. Dès lors, comme nous voyons se créer devant nous le lit des torrents, n'est-il pas naturel de croire que le lit des fleuves a été créé de la même manière, par les mêmes lois, et en suivant la même série de transformations? Tous ont commencé par une ère torrentielle, et tous finissent, ou finiront par un état stable (1).

---

(1) Depuis que ces lignes sont écrites, les recherches nombreuses toutes sur la période glaciaire ont introduit un nouvel agent dans ce travail de formation des rivières. — C'est toujours l'eau, mais sous la forme solide du glacier, opérant souvent par débâcles, et amoncelant d'abord des *moraines*, qui sont ensuite entraînées ou percées par les courants torrentiels, produits par la fusion des glaces. Ces terrains meubles, épars sur les flancs des montagnes et signalés si souvent dans le cours de cette Étude, ne sont probablement que les restes des anciennes moraines, formées par le glacier colossal qui recouvrait autrefois la surface entière des Alpes.

La science a donc dépassé maintenant l'aperçu beaucoup trop général, esquissé dans la fin de ce chapitre. Il reste toujours vrai, mais en gros seulement. L'âge des rivières n'est pas une fiction; mais le phénomène de leurs métamorphoses successives est plus complexe et plus varié. Ce que demande aujourd'hui la science, ce sont de bonnes monographies, reconstituant le passé de chaque vallée en particulier : tel est le beau travail produit par M. Belgrand, sur l'ancien régime de la Seine.

CHAPITRE XXV.

INFLUENCE DES FORÊTS SUR LA FORMATION DES TORRENTS.

Je reprends maintenant la suite de mon sujet, où plusieurs choses restent à expliquer.

D'abord, pourquoi les torrents éteints, lorsqu'ils s'encaissent d'eux-mêmes dans leurs déjections, affouillent-ils les mêmes pentes sur lesquelles ils coulaient tout à l'heure, sans avoir la force de s'y creuser un lit? — La raison en est simple. A mesure que le torrent s'éteint, les eaux deviennent de plus en plus claires. Elles prennent donc sur les mêmes pentes une vitesse supérieure à celle qu'elles avaient, quand elles arrivaient chargées de matières. Elles peuvent donc affouiller là où elles déposaient.

Par quelle cause, ensuite, se produisent les torrents nouveaux?... On ne comprend pas de suite pourquoi les eaux, qui ont respecté un terrain pendant de longs siècles, commencent à l'attaquer aujourd'hui. Les causes qui engendrent un torrent nouveau auraient dû le produire dès les premiers jours de la formation de ces montagnes. Le terrain aurait-il changé de lui-même de forme ou de nature?...

Il est évident que des circonstances nouvelles sont inter-
venues, qui ont modifié les conditions primitives. On entre
ici dans un nouvel ordre de faits qui demande des développements.

Lorsqu'on examine les terrains au milieu desquels sont
jetés les torrents d'origine récente, on s'aperçoit qu'ils sont
toujours dépouillés d'arbres et de toute espèce de végétation touffue. Lorsqu'on examine, d'autre part, les revers
dont les flancs ont été récemment déboisés, on les voit
rongés par une infinité de torrents du troisième genre, qui
n'ont pu évidemment se former que dans ces derniers temps.
—Voilà un double fait bien remarquable. Partout où il y a
des torrents récents, il n'y a plus de forêts, et partout où
l'on a déboisé le sol, des torrents récents se sont formés;
en sorte que les mêmes yeux qui ont vu tomber les forêts
sur le penchant d'une montagne, y ont vu apparaître incon-
tinent une multitude de torrents (1).

On peut appeler en témoignage de ces remarques toute
la population de ce pays. Il n'y a peut-être pas une commune où l'on n'entende raconter à des vieillards que sur tel
coteau, aujourd'hui nu et dévoré par les eaux, ils ont vu
se dresser autrefois de belles forêts, sans un seul torrent.

Quand les mêmes observations se reproduisent si souvent
et avec des caractères si constants, il n'est plus permis
de les expliquer par le hasard. Elles forcent de re-

---

(1) On peut citer ici les ravins naissants de la montagne de *Saint-
André;* — les torrents naissants de la montagne de *Charvey,* au col du
Mont-Genèvre, — ceux du *Dévoluy,* — ceux de la montagne de *Saint-
Jean-des-Crottes,* — ceux d'*Orcières,* sur la rive droite du *Drac,* etc.

connaître que les forêts exercent une influence réelle sur
la production des torrents, soit que, debout sur le sol,
elles le préservent de leur invasion, soit qu'effacées par la
main de l'homme, elles leur abandonnent un champ libre,
qu'ils ne tardent pas à dévaster.

Mais si l'on demande d'établir cette influence sur des
preuves directes et positives, cela devient presque embarrassant par la multitude même des preuves, et l'évidence
de la chose à démontrer. Il faut savoir qu'elle se manifeste
ici dans tant de circonstances, sous tant de formes variées,
et avec une telle force de vérité, que pas un seul homme,
certainement, dans le pays tout entier, n'oserait la contester. Il suffit de parcourir pendant quelques jours ces
montagnes pour être frappé par une infinité de faits, qui
feraient céder l'esprit le plus entêté dans l'opinion contraire.
Tous ceux qui connaissent la contrée ne peuvent avoir là-
dessus qu'une même conviction. Toutes les observations
qu'on a publiées s'accordent sur ce même point, et leurs
auteurs n'ont pas eu d'autre peine que de vérifier l'opinion
publique, ni d'autre mérite que d'exprimer par la plume
ce qui était depuis longtemps dans toutes les bouches et
dans toutes les intelligences (1).

En face d'une croyance si universelle, si peu contestée
et si peu contestable, on se trouve tout en défaut, lorsqu'on

----

(1) « Quant aux causes du mal, je n'ai point à me faire un mérite
« de les avoir découvertes. Là, tout le monde les connaît, même les
« habitants des campagnes. — C'est un grand point ; les esprits en sont
« plus disposés à adopter les moyens de les faire cesser. »

(M. Dugied, dans le mémoire cité.)

essaye de la réduire en une sorte de démonstration, pour
la faire partager au même degré à ceux qui n'ont pas vu
les lieux. — On ne sait comment sortir une citation du
milieu d'un si grand nombre d'exemples qui se corroborent
l'un l'autre, et sont surtout probants par leur ensemble et
par leur masse.

Je m'arrête au fait suivant, qui me paraît concluant, et
qui est facile à vérifier, attendu qu'il se reproduit très-
fréquemment.

On sait déjà qu'il existe ici beaucoup de revers recouverts de ces terrains meubles de transport, formés par la
décomposition des parties supérieures des montagnes
(*chap.* 22). — Dans ces terres déjà remuées, la végétation s'enracine avec force, et de vigoureuses forêts de
mélèzes et de sapins ont revêtu les flancs de la montagne.
Mais la hache peu à peu a décimé les arbres; des coupes
faites sans police ont ouvert, à travers les forêts, de larges
clairières, dirigées dans le sens de la plus grande pente,
cette disposition étant celle qui rend l'exploitation la plus
facile.

Or, partout où les bois ont été éclaircis de cette manière, voici ce qu'on remarque. A la place de chaque
clairière, le sol végétal a été emporté par les eaux; un
sillon s'y est formé, peu profond dans le commencement, mais qui se creuse de plus en plus, s'étend, monte,
grandit, et constitue bientôt un torrent complet. Dans les
bandes intermédiaires, où les arbres ont été épargnés, on
voit tout le contraire. Là, dans le même sol, sous la même
exposition, sur les mêmes talus, souvent très-rapides,
le terrain s'est tenu ferme, et ses formes ont été res-

pectées par les eaux. — En parcourant la forêt, on traverse ainsi une succession de zones dont l'opposition est frappante. On peut même saisir jusqu'aux nuances qui séparent le contraste. On remarque des ravins naissants dans les parties où les souches clair-semées accusent un déboisement récent. On remarque des torrents complets là où les indices du terrain et les renseignements des habitants accusent des déboisements plus anciens. Nous sommes donc bien certains de ne pas prendre l'effet pour la cause, quand nous affirmons que c'est le déboisement de la clairière qui a formé le ravin, et non pas le ravin qui a formé la clairière.

Le fait que je viens de décrire se reproduit à peu près dans toutes les forêts de l'Est du département (1). Quand il n'y aurait de bien établi que ce seul et unique fait, ne suffirait-il pas pour prouver, avec toute l'évidence d'une expérience de physique, qu'il y a une relation constante et réelle entre les forêts et les torrents?

Considérons donc cette relation comme une chose démontrée, et formulons-la dans les deux propositions suivantes :

1° *La présence d'une forêt sur un sol empêche la formation des torrents;*

---

(1) Il en existe un exemple frappant sur le revers occidental de mont *Saint-Guillaume*, du côté de *Réallon*. — On en voit d'autres exemples dans la montagne de *Saint-Jean-des-Crottes*, — dans les forêts du mont Genêvre, — dans celles de la *Combes du Queyras*, — dans celle de *Risoul*, etc., etc.

Il y en a un autre exemple à l'ouest de *Lalley*, département de l'*Isère*, près de la *Croix-Haute*.

2° *La destruction d'une forêt livre le sol en proie aux tor-rents* (1).

La chose étant prouvée de fait, rien n'est plus facile à expliquer.

Quand les arbres se fixent sur un sol, leurs racines le con-solident en le serrant de mille fibres ; leurs rameaux le pro-tégent, comme une tente, contre le choc violent des ondées. Leurs troncs, et en même temps les rejetons, les broussailles, le gazon, et cette multitude de végétaux de toute espèce qui croissent à leurs pieds, opposent des obstacles accidentés aux courants qui tendraient à l'affouiller. L'effet total est de re-couvrir le sol, meuble par lui-même, d'une enveloppe plus solide et moins affouillable. En outre, elle divise les courants et les disperse sur toute la superficie du terrain : ce qui les empêche de se concentrer en masse dans les creux du thalweg, ainsi que cela arriverait, si elles couraient librement sur les surfaces lisses d'un terrain dénudé. — Enfin, elle absorbe une partie des eaux, qui s'imbibent dans l'humus spongieux : ce qui diminue d'autant la somme des forces d'affouillement.

---

(1) Je ne connais guère que *Lecreulx* qui ait positivement contesté l'action des bois sur la production des torrents (pag. 159 de son ouvrage cité, et ailleurs).

En combattant *Fabre* sur ce point, *Lecreulx* n'a pas fait autre chose que d'étaler au grand jour sa pleine ignorance du genre de mon-tagnes et du genre de cours d'eau que *Fabre* a eu spécialement devant les yeux. *Lecreulx* avait toujours présent à l'esprit l'exemple des *Vosges*, qui revient à chaque page de son livre. Je connais les *Vosges*, où j'ai passé mon enfance ; et je puis affirmer que ces montagnes ne ressem-blent pas plus aux *Hautes-Alpes*, que le patois allemand, répandu dans quelques-unes de leurs vallées, ne ressemble au provençal, qui est ici la langue du peuple.

Il suit de là qu'une forêt, lorsqu'elle s'établit sur une montagne , en modifie réellement la superficie , qui, seule, est en contact avec les causes atmosphériques ; et toutes les conditions se trouvent alors modifiées, comme elles le seraient si au terrain primitif on avait substitué un terrain totalement différent. — Dès lors, il n'est pas plus étonnant de voir le même sol, tour à tour infesté ou libre de torrents, selon qu'il est dépouillé ou revêtu de forêts, qu'il n'est étonnant de voir les torrents cesser dans les roches primitives, ou resurgir brusquement dans les calcaires friables.

CHAPITRE XXVI.

INFLUENCE DES FORÊTS SUR L'EXTINCTION DES TORRENTS.

En examinant les bassins de réception des grands torrents éteints, on y découvre presque toujours des forêts, et, le plus souvent, des forêts épaisses.

On peut remarquer aussi que beaucoup de versants boisés portent les traces de petits torrents du troisième genre, qui paraissent comme étouffés sous la masse de la végétation, et sont complétement éteints. Cette seconde observation, qui peut être vérifiée ici sur une multitude de points, confirme un fait que la première permettait déjà de soupçonner : — c'est que *les forêts sont capables de provoquer l'extinction d'un torrent déjà formé.*

En effet, il est impossible d'admettre que ces petits torrents, creusés le plus souvent dans des terres sans consistance, soient morts d'eux-mêmes, pour ainsi dire dès leur naissance, et par le seul effet de cet équilibre que nous avons expliqué au chapitre XXIII. La stabilité ne peut s'établir aussi vite sur des lits qui sont à peine formés, et au milieu de terrains qui offrent encore tant d'aliments à l'érosion des eaux ; c'est une œuvre qui demande du temps, et qui n'est entièrement consommée que lorsque la montagne a été rongée au vif, jusqu'à ses dernières cimes.

Mais passons de suite à des preuves plus décisives. — Parmi le grand nombre de torrents éteints, dont les bassins sont boisés, il en est dont les forêts ont subi la loi commune, et sont tombées en partie sous la cognée des habitants. — Eh bien! le résultat de ces déboisements a été de rallumer les torrents éteints. On a vu ainsi de paisibles ruisseaux faire place à de fougueux torrents, que la chute des bois avait réveillés de leur long sommeil, et qui vomissaient de nouvelles masses de déjections, sur des lits cultivés sans défiance depuis un temps immémorial. — C'est ce qu'on a remarqué surtout après les déboisements excessifs qui suivirent les premières années de la révolution : les ravages de plusieurs grands torrents ne datent que de cette epoque (1). — La même observation a aussi été faite dans les Basses-Alpes.

On peut citer, comme exemple, tout le revers situé sur la rive gauche de la Durance, depuis Savines jusqu'à la rivière de l'Ubaye. Il n'est formé que par une succession de cônes de déjections, appartenant à d'anciens torrents qui s'étaient éteints, après avoir rongé une grande partie de la montagne du *Morgon*. Tout ce quartier était couvert de forêts, qui ont été éclaircies et qu'on ne cesse d'appauvrir tous les jours. — Aussi les torrents ont-ils recommencé leurs ravages, et si les déboisements continuent avec la même incurie,

---

(1) C'est depuis cette époque que le torrent de *Merdanel* s'est avancé vers le village de *Saint-Crépin*, dont les habitants sont aujourd'hui à peu près ruinés.

ce revers, aujourd'hui fertile, sera ruiné comme tant d'autres (1).

Ce dernier fait complète tout ce qu'on peut dire sur l'influence des forêts. En les voyant s'étaler presque partout sur le corps des torrents éteints, on pouvait supposer que ceux-ci avaient commencé par s'éteindre, et que les bois s'en étaient emparés ensuite, quand l'extinction était déjà consommée, et quand le sol d'alentour, devenu stable, permettait à la végétation de s'y développer en liberté. Les forêts n'auraient donc été qu'un des effets de l'extinction, au lieu d'en être la cause. — Mais alors le déboisement n'aurait fait que replacer les choses dans leur état primitif, et le torrent aurait

______

(1) On cite un assez grand nombre de rivières qui étaient navigables autrefois, et qui ne le sont plus aujourd'hui, à cause de leurs bas-fonds. Ce fait, qui semble d'abord en contradiction avec la loi générale des rivières que nous avons indiquée au chap. XXIII, s'explique au contraire très-bien par la même analogie qui nous a servi à fonder cette loi.

Beaucoup de rivières ont dû arriver à leur période de stabilité par la même cause qui l'a fait naître, comme par anticipation, dans un grand nombre de torrents : je veux dire le développement de la végétation sur la superficie des bassins au milieu desquels s'écoulaient ces cours d'eau. Mais quand celle-ci, en disparaissant, a de nouveau livré le sol à lui-même, la stabilité a été rompue, et les divagations ont recommencé dans les rivières, comme les ravages dans les torrents.

C'est donc au dénudement de leurs bassins qu'il faut attribuer l'altération fâcheuse qui s'est manifestée dans le régime de certaines rivières. —Cette explication a été souvent avancée, mais sans qu'il fût possible d'en donner une preuve directe. On le peut maintenant; car l'exemple de ces torrents éteints, qui se rallument par le déboisement, est une véritable démonstration de ce fait. C'est en quelque sorte une expérience qu'on aurait faite directement, mais sur une moindre échelle, et en exagérant les conditions, afin de rendre les effets plus saillants et plus prompts.

dû continuer d'être éteint après l'enlèvement des bois, comme il l'était avant leur apparition.

Or, c'est là justement ce qui n'arrive pas. Il a suffi d'éclaircir les forêts pour voir reparaître aussitôt les ravages. —Donc, ce sont les forêts qui les ont fait cesser autrefois, en prenant possession du sol. —Donc l'extinction des torrents est si complétement leur ouvrage, qu'elle naît, persiste et disparaît avec elles, l'effet cessant aussitôt que la cause.

On voit par là que l'action des forêts ne se borne pas seulement à empêcher la création des torrents nouveaux, mais qu'elle peut détruire les torrents déjà formés. On voit aussi que les suites funestes des déboisements ne sont pas seulement d'ouvrir partout le sol à des torrents nouveaux, mais qu'elle va jusqu'à ressusciter ceux qui paraissaient complétement éteints. —On peut donc résumer l'influence qu'exercent les forêts sur les torrents déjà formés en deux faits, parallèles à ceux qui résument leur influence sur les terrains où les torrents n'ont pas encore pris naissance :

1° *Le développement des forêts provoque l'extinction des torrents ;*

2° *La chute des forêts révivifie les torrents éteints.*

Rien n'est encore si facile à expliquer que ces nouvelles actions. — On se souvient quelles sont les causes qui provoquent et entretiennent la violence des torrents : c'est, d'une part, la friabilité du sol ; de l'autre, la concentration subite d'une grande masse d'eau (*chap.* 20). Or, nous savons déjà que les forêts rendent le sol moins affouillable ; nous savons aussi qu'elles absorbent et retiennent une partie des eaux pluviales, et empêchent la concentration instantanée de la

11

partie qu'elles n'absorbent pas. Par conséquent, elles détruisent l'une et l'autre cause. Elles prolongeront la durée de l'écoulement, et rendront les crues à la fois moins soudaines et moins désastreuses.

On comprend dès lors comment les forêts, en envahissant les bassins de réception, ont dû contribuer puissamment à étouffer certains torrents. —Pendant que les eaux se créaient les pentes les plus convenables, les forêts retenaient le sol prêt à fuir, le rendaient plus solide, diminuaient par conséquent la masse des alluvions, et surtout s'opposaient à la concentration des courants. Elles augmentaient toutes les résistances, et diminuaient toutes les puissances. Elles devaient donc hâter, par un double effet, cette époque de stabilité où la force érosive des eaux se trouverait en équilibre avec la résistance du fond. — Une circonstance a dû rendre leur triomphe encore plus prompt: c'est que le torrent, à mesure qu'il s'affaiblissait, leur abandonnait un sol de plus en plus stable et favorable à la végétation; en sorte que celle-ci augmentait chaque jour ses forces, à mesure que le torrent perdait les siennes. L'effet, s'il est permis de s'exprimer ainsi, etait renforcé par l'effet.

Par là, je ne veux pas dire que les torrents ne puissent jamais arriver d'eux-mêmes à l'extinction, sans la présence des forêts et par le seul fait de l'érosion de la montagne. Mais je dis que les forêts hâtent l'accomplissement de cet effet, et qu'elles peuvent le produire là où les autres circonstances ne le produiraient pas encore.

Ainsi la nature, en appelant les forêts sur les montagnes, plaçait le remède à côté du mal. Elle combattait les forces actives des eaux par d'autres forces actives, empruntées au règne de la vie; aux envahissements des torrents, elle opposait les conquêtes progressives de la végétation. Sur ces revers mobiles, elle étendait une couche solide, qui les protégeait contre les attaques extérieures, à peu près de la même manière qu'un revêtement en perré protége les digues en terre. — Il est même digne de remarque que le peu de consistance de certains calcaires et des détritus meubles, qui s'oppose à la fixation des terres et y attire les torrents, est précisément une circonstance propice au développement de la végétation. La même cause qui multipliait les torrents devait donc multiplier aussi les robustes forêts, et faire succéder à la longue la fécondité aux ruines, et la stabilité au désordre (1).

On est frappé de cette observation, lorsqu'on parcourt certaines forêts de ces montagnes. On voit la végétation, redoublant de luxe et d'énergie dans des terrains déchirés par les ravins et croulant de toutes parts; comme si elle rassemblait ses derniers efforts pour retenir un sol qui lui échappe (2). C'est qu'en effet les terres les plus meubles sont en même temps les plus fertiles, et les durs rochers, sur lesquels la végétation n'a point de prise, bravent aussi l'effort de toutes les causes de destruction.

---

(1) Quand je parle d'*ordre* et de *désordre*, on comprend bien ce que je veux dire. — Au fond, rien ne se fait dans la nature qui ne soit rigoureusement dans l'*ordre;* car rien ne s'y fait qui ne soit soumis à l'empire de lois immuables. — Mais ce n'est pas ainsi que nous entendons ce mot : *nous ne voyons l'ordre que là où nous voyons notre blé.*

(2) On peut citer la forêt de Boscodon comme un exemple de la vigueur et de la ténacité de la végétation, luttant contre un sol friable, composé de schiste de tuf et de gypse,

Les montagnes, si elles étaient abandonnées toutes nues aux actions extérieures, seraient bientôt réduites à un squelette rocheux, et elles n'offriraient plus à l'homme que des masses incultes et inhabitables.

— C'est la végétation qui prévient cette ruine ; et comme il n'y a pas de végétation sans eau, c'est dans les montagnes que la nature a répandu les eaux avec le plus de profusion. Nous avons déjà dit qu'elles reçoivent plus de pluie que les plaines, et comme elles montent jusque dans la région des nuages, elles s'imbibent de leurs eaux. Les neiges, les glaciers couronnent leurs cimes comme d'immenses réservoirs, d'où suinte une humidité perpétuelle, d'où ruissellent d'innombrables filets qui fécondent leurs flancs et portent la fertilité de croupe en croupe jusque dans le fond des vallées. — Ainsi les eaux, qui sont l'agent le plus énergique de la destruction du sol, sont en même temps l'agent le plus actif de sa défense. En attirant la végétation, elle préservent le sol contre leurs propres attaques, et plus elles ont de forces pour détruire, plus elles en font naître pour conserver. — C'est de la sorte que la nature impose à toutes ses forces des modérateurs qui les balancent et qui les empêchent d'agir constamment dans le même sens : ce qui finirait par ramener tout au repos.

Reportons-nous un instant en arrière, et comparons ces effets de la végétation avec ceux qu'exercent les différents systèmes de défense imaginés jusqu'à ce jour. — Le résultat des défenses, comme celui de la végétation, est de s'opposer aux ravages des torrents. — Mais combien toutes nos digues paraissent débiles, à côté de ces grands moyens dont dispose la nature, lorsque, l'homme cessant de la contrarier, elle poursuit patiemment son œuvre à travers les longs intervalles des siècles! Tous nos mesquins ouvrages ne sont que des *défenses*, ainsi que l'indique même leur nom. Ils ne diminuent pas l'action destructive des eaux; ils l'empêchent seulement de s'étendre au delà d'une certaine borne. Ce sont des masses passives opposées à des forces actives; des obstacles inertes et qui se détruisent, opposés à des puissances vives qui attaquent toujours et ne se détruisent jamais. — Là paraît toute la supériorité de la nature, et le néant de nos pauvres artifices.

Je ne fais pas ici un rapprochement stérile. — Je veux laisser entrevoir qu'il y a mieux à faire, pour combattre les torrents, que d'entasser à grands frais des maçonneries et des terrassements, qui seront toujours, quoi qu'on fasse, de dispendieux palliatifs, plus propres à masquer la plaie qu'à l'extirper. — Pourquoi donc l'homme ne demanderait-il pas un secours à ces forces vivantes, dont l'énergie et l'efficacité lui sont si clairement révélées? Pourquoi ne leur commanderait-il pas de faire de nouveau, et cette fois par son ordre, ce qu'elles ont déjà fait anciennement sur tant de torrents éteints, et par l'ordre seul de la nature?...

CHAPITRE XXVII.

DÉPÉRISSEMENT DES FORÊTS.[1]

Il est aisé de comprendre maintenant tout le mal qu'a fait l'homme en déboisant imprudemment ces montagnes. Il a troublé les conditions de l'ordre établi par une longue succession de siècles. Le sol tendre, longtemps masqué sous une couverture de forêts, a été remis au jour. Cette espèce de lutte, où, d'un côté, la gravitation et les agents atmosphériques travaillent sans relâche à niveler le terrain, tandis que le sol, de l'autre côté, s'efforce de résister à leurs attaques; ce long combat, où le sol avait fini par triompher, grâce au secours de la végétation, l'homme est venu le renouveler, lorsque, renversant les bois antiques, il s'est ajouté lui-même aux forces de destruction. Alors l'équilibre a été rompu, et tout l'avantage a passé du côté de la destruction.

Il faut donc le reconnaître : si la cause primitive des torrents est dans la nature même du sol et du climat de ces montagnes, une seconde cause, non moins puissante, vient de l'homme lui-même, et il porte aujourd'hui la peine des désordres qu'il a créés.

Déjà, en 1797, Fabre signalait, dans les départements du *Var* et des *Basses-Alpes*, le danger de l'imprévoyance des habitants, qui ruinaient leur pays en le déboisant (1). — Il signalait cette imprévoyance comme une très–ancienne cause de la formation des torrents, et comme une cause nullement contestée, bien reconnue et bien avouée de tous.

On conçoit à peine que depuis cette époque, ni les habitants, ni l'administration, n'aient pris aucune mesure efficace pour s'opposer à un ordre de choses si clairement funeste. — Cela tient à plusieurs causes.

Il est certain d'abord qu'une bonne partie des Alpes était déjà déboisée quant parut, en 1669, l'ordonnance de *Colbert*, qui régla les eaux et forêts, et interdit les défrichements aux communautés (2).

La révolution causa ensuite la ruine d'une superficie considérable de forêts, par le gaspillage qui suivit la confiscation des biens de la noblesse et du clergé. Beaucoup de communes, dans la première confusion, s'emparèrent de bois considérables, que le domaine de l'État, subitement accru, ne revendiquait pas, et qui de suite furent abattus. Elles en gardèrent d'autres, sous des titres douteux et mal vérifiés, et elles les ruinèrent en peu de temps.

La loi du 9 floréal an XI fit cesser le désordre. A partir de cette époque, les exploitations sont restreintes, les grands

---

(1) Voyez son *Essai*, pages 64 et suivantes. — *Idem*, pages 131 et suivantes.

Voyez aussi la note 10, où je cite textuellement l'opinion de *Fabre* sur la cause des torrents.

(2) Voyez la note 9.

abus tombent; mais beaucoup de causes conspirent encore
à détruire ici insensiblement les forêts.

Dans ces montagnes, la plus grande partie des forêts est
formée par les arbres résineux. Ceux-ci ne repoussent
pas de souche, et le gazon étouffe les semis. On ne peut
pas, à cause de cela, les exploiter par coupes réglées, ou
comme on dit, à *blanc estoc*; il faut les abattre çà et là
dans les parties les plus fourrées, où de jeunes arbrisseaux
sont prêts à les remplacer : c'est ce qu'on appelle *jardiner*.
Or, ce mode d'exploitation ne peut pas s'effectuer sans
briser ou mutiler beaucoup de jeunes arbres. Ensuite il est
pénible : ce qui rebute les exploitants, qui ouvrent alors,
en fraudant, des coupes moins incommodes, mais infiniment plus destructives.

Croissant sur des talus rapides et souvent dans des régions
très-élevées, les forêts sont dévastées par les avalanches.
— Elles exigent aussi, pour prospérer, des conditions particulières d'air, d'ombre, de température; et là où ces
conditions manquent, elles dépérissent ou viennent mal.

Si l'on joint à tout cela la sécheresse propre au climat,
on reconnaît que la reproduction des forêts est généralement
plus pénible ici que dans le reste de la France; elles sont
soumises aussi à des causes de destruction plus énergiques.
Il faudrait donc aussi les ménager avec plus de sévérité,
entourer leur jouissance de plus de restrictions; enfin, provoquer leur régénération par des moyens artificiels plus
actifs. — Rien de tout cela ne s'est fait ici.

La plupart des communes, successivement, ont obtenu
une ordonnance royale qui autorise le pâturage des bêtes
à laine dans leurs propres forêts : tolérance qui peut facile-

ment dégénérer en abus. — On tolère aussi l'enlèvement des détritus ; c'est comme si l'on permettait chaque année d'enlever le sol végétal. — Il n'y a pas longtemps, on tolérait l'ébranchage. Pour en apprécier tout le danger, il faut savoir que les arbres verts périssent, quand on les ébranche au-dessus du tiers de leur hauteur. L'abus était devenu si excessif, qu'on ne put s'empêcher de le supprimer.

A ces fâcheuses concessions, il faut joindre les difficultés que la nature du pays oppose à la surveillance des gardes, et leur insuffisance manifeste à réprimer les nombreux délits, que la rareté progressive des bois rend chaque année plus hardis. — Il faut y joindre aussi la disette de fonds, qui empêche de procéder sur une échelle convenable aux semis, aux replantations, aux améliorations, etc. (1).

---

(1) Toutes ces causes de dépérissement sont parfaitement exposées dans un mémoire plein de sagesse de M. *Delafont*, inspecteur des eaux et forêts, et qui fait regretter de n'avoir pas inspiré à l'administration des mesures plus hardies, car à de grandes plaies il faut de grands remèdes.

« Ces tristes résultats que je viens de signaler, dit M. *Delafont*, de
« toutes parts on les déplore. Tous les hommes qui ne sont pas aveu-
« glés par l'ignorance, ou dont le cœur n'est pas desséché par l'égoïsme,
« expriment la pensée qu'il serait temps enfin d'arrêter les progrès
« toujours croissants d'une si effrayante dévastation. Ils gémissent sur
« les maux sans nombre causés par le déboisement des montagnes,
« et semblent nous appeler au secours de nos richesses forestières.
« Ces réflexions, ces vœux, je les ai plusieurs fois entendu moi-même
« prononcer avec cette énergie qu'inspire la conviction profonde de
« l'existence d'un grand mal et de l'impérieux besoin d'en suspendre

Tout ceci ne s'applique qu'aux forêts situées dans l'Est du département. — A l'Ouest, elles sont formées d'essences plus variées, et dont la reproduction est plus facile (1) ; elles sont répandues sur des régions moins élevées et d'un accès plus commode. Les avalanches y font moins de dégâts. Le nombre de gardes, à égalité de superficie, y est presque double (2). La proportion des bois appartenant à l'État est aussi plus considérable, et ceux-ci peuvent être mieux soignés que les bois communaux, par la raison que l'État peut faire plus de sacrifices que les communes (3). — En même temps l'administration paraît en avoir été plus sévère.

Mais à l'Est, toutes les causes se sont réunies pour amener

« le cours. — Entendons les cris de détresse d'une population alar-
« mée sur son avenir ! etc. »

(*Mémoire sur l'état des forêts dans les Hautes-Alpes, les causes de cet état, ses résultats et les moyens d'y remédier.*)

On peut juger par cette citation, et par tant d'autres semblables que j'ai transportées à dessein dans mon propre travail, s'il y a rien d'exagéré dans la manière dont j'ai présenté les choses.

(1) Le chêne et le hêtre sont les essences dominantes dans l'arrondissement de l'*Ouest ;* le sapin, le mélèze, l'épicéa, dans celui de l'*Est.*

(2) Dans l'*Est*, il y a un garde pour 900 hectares : dans l'*Ouest, il y* a un garde pour 500 hectares.

(3) Dans l'*Est*, la superficie totale des bois est de. . . 49,572 hect.
    Et les bois domaniaux y figurent pour.   369
    Dans l'*Ouest*, la superficie totale est de. . . . . . 26,467 hect.
    Les bois domaniaux y figurent pour. 1,568

Dans l'*Est*, la proportion est environ de 1 : 134 ; dans l'*Ouest*, elle est de 1 : 17. — La proportion des bois de l'État aux autres bois est donc sept fois plus forte dans l'*Ouest* que dans l'*Est*.

Il est bon d'ajouter que la loi du 20 juillet 1837, art. 2, met les frais de surveillance à la charge des communes, dans les bois communaux.

peu à peu les funestes résultats qui se manifestent de toutes parts. — Voici comment M. *Héricart de Thury* décrivait, en 1806, la triste situation de cette partie du département. — « Dans ce magnifique bassin (celui d'*Embrun*), la nature avait « tout prodigué. Les habitants ont joui aveuglément de ses « faveurs ; ils se sont endormis au milieu de ses dons. In- « grats, ils ont porté inconsidérément la hache et le feu dans « les forêts qui ombrageaient les montagnes escarpées, la « source ignorée de leurs richesses. Bientôt ces pics déchar- « nés ont été ravagés par les eaux. Les torrents se sont gon- « flés ; ils sont tombés avec fureur sur les plaines ; ils ont « coupé, arraché et miné leurs bases. Des terrains immenses « ont été enlevés : d'autres ont été engravés : ceux-ci sont « recouverts de rochers, ceux-là n'offrent plus qu'un gravier « stérile. Les ravages continuent ; on n'oppose aucun obstacle « à leur furie. Bientôt *Crevoux*, *Boscodon*, *Savines* et tous « les autres torrents auront anéanti ce beau bassin, qui « naguère pouvait être comparé à tout ce que les plus « riches contrées possèdent de plus fertile et de mieux « cultivé (1) ! » (*Potamographie des Hautes-Alpes.*)

Il y a quelques années, on a beaucoup parlé et beaucoup écrit sur le danger des déboisements. Il est étonnant qu'à cette époque l'exemple des Hautes-Alpes n'ait jamais été hautement cité.

Comme il arrive toujours en France dans les questions à la mode, chacun renchérissait sur ce qui avait été dit avant lui ; et à force de chercher des raisons toujours nouvelles er faveur de la conservation des bois, on finit par en trouve

---

(1) Voyez la note 10.

de fort équivoques. Le mal s'enfla donc, et si prodigieusement, qu'il y eut comme un cri d'alarme par tout le pays.

Mais cette exagération fut elle-même un grand mal. On
se demanda bientôt si toutes ces influences attribuées aux
déboisements sur les variations de température, sur les
pluies, sur les vents, sur la composition de l'air, etc.,
n'étaient pas tout au moins un peu douteuses. Insensiblement, tout le monde se refroidit, et la question, portée
d'abord si haut, retomba doucement dans l'oubli. — Telle
est malheureusement parmi nous la marche de l'opinion :
elle avance par oscillations, s'engouant un jour, indifférente
le lendemain. — Si la question eût été poursuivie ici, avec
plus de patience et de mesure, on aurait aisément dégagé
la vérité du milieu de quelques exagérations.

Dans cet important sujet, il y avait d'abord, avant
toute chose, à établir une distinction profonde et radicale
entre les pays de plaine et les pays de montagnes. Les uns
ne ressemblent en rien aux autres; et si, dans les premiers,
le danger des déboisements est très-loin d'être démontré,
il l'est d'une manière décisive dans les seconds.

— Après cela, et tout en bornant la question aux pays de
montagnes, il fallait la débarrasser de toutes ces disputes
sur l'action climatérique que beaucoup de personnes ont
attribuée aux forêts ; car, en définitive, cette influence n'est
pas rigoureusement démontrée, et on l'appuie sur des pré-
somptions plutôt que sur des observations positives.

Mais ce qu'il est impossible de contester, ce qui est au-
dessus de toute équivoque, c'est l'influence qu'exercent les
forêts sur la conservation du sol même des montagnes ; et à
celui qui prétendrait la nier, on montrerait nos Alpes, qui

en donnent une si forte et si déplorable preuve, une preuve évidente, je ne dis pas à toutes les intelligences, mais à tous les yeux.

Pourquoi une vérité si simple, et d'un si grand intérêt, n'a-t-elle pas été tout d'abord assez fermement établie, pour être comprise et acceptée par tous? Ne serait-il pas grandement temps que l'opinion publique s'en occupât de nouveau? — La question en vaut la peine, car de sa solution dépend l'avenir de vie ou de mort de plusieurs de nos départements.

CHAPITRE XXVIII.

DÉFRICHEMENTS ET DÉPAISSANCES.

Il est certain que beaucoup de terrains dépouillés d'arbres résisteraient aux affouillements, malgré leur défaut de consistance, s'ils étaient revêtus de prairies. Le gazon les protégerait en pompant les eaux, en les divisant, et en donnant au sol le liant et la ténacité qui lui manquent. — S'il pouvait rester quelques doutes à cet égard, je citerais ce qui se passe sur la plupart des cols et dans les montagnes *pastorales*. On peut voir là des talus extrêmement déclives, coupés dans tous les sens par de nombreux et rapides cours d'eau, et dont le sol pourtant tient ferme contre toute espèce de dégradation, parce qu'il est tapissé de pelouses et de prairies (1).

Mais les prairies ne succèdent pas ainsi aux forêts. — A mesure que les arbres sont tombés sous la cognée, le terrain a été défriché, ou livré aux troupeaux, de sorte que les bois ont été convertis en champs labourés ou en pacages. — Là où le terrain était horizontal, ou du moins peu incliné, ce changement dans la destination du sol n'avait pas d'incon-

____

(1) Montagne de *Vars*, d'*Orcières*, de *Lautaret*, *Mont-Genèvre*, etc.

vénient. Mais il en avait de très-graves partout où les pentes devenaient rapides ; et ce cas, dans un pays de montagnes, devait naturellement se trouver le plus fréquent.

Les défrichements rendent le sol meuble, puisque ce résultat est celui-là même qu'on veut réaliser par l'action des charrues. Quand une averse tombe sur ces terres que le soc a privées de cohésion, elle les détrempe et les emporte le long des pentes, jusque dans le fond des vallées. Si cette action se répète à plusieurs reprises, le sol végétal disparaît en entier, et le roc nu reste à la place. — C'est ce qui est arrivé partout.

Il existait une ancienne loi, citée par *Fabre* et par **M.** *Dugied*, qui défendait les défrichements sur les talus rapides, à moins de soutenir les champs par des murs. Quoique incomplète, cette loi était sage ; elle témoignait du danger des défrichements, et de la nécessité de les soumettre à une règle ; mais elle paraît être tombée en désuétude depuis longtemps.

L'ordonnance de 1669 défendait les *défrichements sur les terrains en pente non boisés.* — Mais cette partie de l'ordonnance n'est jamais appliquée par les tribunaux. Ils s'appuient sur la loi du 9 floréal an XI, laquelle ne prévoit et ne punit que les défrichements des terrains boisés : ce qui est une toute autre chose. — Ne dirait-on pas que la confusion qui existe dans le langage ordinaire entre les termes *défrichement* et *déboisement* s'est glissée jusque dans l'esprit du législateur, et a passé de là dans le texte même de nos lois ?...

Après les charrues viennent les troupeaux, et ceux-ci achèvent la ruine de ces montagnes. Ils consistent en chèvres, et principalement en moutons et en brebis; c'est-à-dire qu'ils consistent dans les espèces dont la morsure est la plus pernicieuse à la végétation. Depuis un temps immémorial, les communes afferment leurs montagnes aux bergers de la Provence, qui y conduisent chaque printemps de nombreux troupeaux. Ceux-ci s'ajoutent aux troupeaux du pays, et répandent sur tous les lieux élevés un nombre énorme de bêtes, tout à fait disproportionné avec les produits des maigres terrains qui les nourrissent. Leur chiffre n'a pas été exactement relevé, les communes étant intéressées à le cacher; mais il ne peut manquer d'être très-considérable, puisqu'un seul petit canton, le *Dévoluy*, qui ne compte pas 2,500 habitants, nourrit au delà de 35,000 bêtes à laine.

De là vient le mal. —Lâchés en si grande abondance sur de maigres terrains, ces bestiaux les épuisent, en rongeant l'herbe jusque dans les racines. Par leur piétinement, ils pétrissent le sol et ils écrasent les plantes naissantes. Non-seulement le reboisement devient alors impossible, mais le gazon même finit par disparaître.—Leur fumier même ne profite pas aux pacages, car les habitants l'enlèvent pour le répandre sur leurs champs.

Quand on examine les pâturages qui sont traversés fréquemment par les moutons, on les voit sillonnés par une infinité de sentiers, qui sont les traces de leur continuel passage. Ces sentiers, qui portent dans le pays le nom de *drayes*, se multiplient, se croisent, se confondent, et finissent par envahir la surface entière des pelouses, qu'ils rendent stériles (1).

Sur d'autres revers déjà dénudés, le piétinement de ces animaux remue les pierres et détache des blocs, dont la vitesse s'accélère en roulant. Quand une route est placée au pied d'un pareil talus, le passage des moutons sème sa surface de débris, et devient quelquefois pour les passants un péril très-réel (2). On est averti de leur approche par le bruissement des pierres qui roulent sous leurs pieds. —Qu'on juge si la végétation peut jamais parvenir à se fixer sur un terrain remué de cette manière !

Le mal que causent les troupeaux est devenu partout si manifeste, que beaucoup de communes, pour sauver leurs montagnes, ont pris le parti de les mettre à la *réserve*. Cette mesure consiste à les interdire aux troupeaux en même temps qu'à la charrue, sans les soumettre toutefois au régime forestier : on les abandonne à elles-mêmes. — Telle est la bonté naturelle de ces terrains que la végétation reparaît à leur surface, dès que les moutons cessent de la fouler : et cette mesure si simple a suffi partout pour réparer l'effet de longs abus. Sur les talus les plus arides et les plus

---

(1) Cela se voit sur le *Mont-Genèvre*, sur le *Morgon*, sur la montagne de *Vars*, sur celle de *Châteauroux;*... en général, sur toutes les montagnes pastorales.

(2) Par exemple, sur la petite route de *Grenoble* à *Briançon* (route royale n° 91), les moutons empêchent la fixation des talus d'éboulements formés au pied des falaises qui encaissent la vallée. — Ils ont été fréquemment la cause d'accidents graves, et nécessiteraient dans cette localité un règlement d'interdiction tout spécial, pour cause de sûreté publique.

mobiles, où le sol s'écoulait aux moindres pluies, on a vu sortir, comme par enchantement, des touffes d'herbes et de broussailles ; et toutes ces plantes vivaces, projetant dans tous les sens leurs racines, et entrelaçant leurs tiges, ont bientôt consolidé le sol (1).

Enfin, quelques communes, cherchant un salut contre les ravages incessants des torrents, ont eu recours à la même mesure, et elles l'ont appliquée aux montagnes qui recèlent les bassins de réception. Tel est le parti que vient de prendre le conseil municipal du bourg de Chorges. — Rien ne démontre mieux l'imminence du péril. Il fallait qu'elle fût frappante et terrible pour dompter l'obstination des habitants, et les forcer à s'imposer eux-mêmes des sujétions qui blessaient leurs intérêts présents.

Mais il ne faut pas se le dissimuler, plus d'une cause rendra l'application générale de cette mesure bien difficile. — D'une part, le climat de ces montagnes convient admirablement aux moutons : ils s'y engraissent; ils échappent aux épizooties; leur laine y prend une qualité supérieure.

---

(1) A Chorges, le quartier des *Cottes*, sur la rive gauche de la *Vence*, mis à la réserve depuis trois ans, est aujourd'hui couvert de gazon et de broussailles, et les eaux sauvages n'emportent plus le sol.

La même mesure a été prise dans plusieurs localités des *Basses Alpes*, entre autres à *Barême*. Elle a toujours eu du succès.

Les mêmes faits se sont produits à *Orcières*, aux *Crottes*, à *Savines*, au *Queyras*, à *Réalon* etc., etc. Il n'y a peut-être pas une seule commune, à l'heure qu'il est, qui n'ait mis quelque quartier en réserve, ou qui ne soit à la veille de prendre cette mesure....

Dans plusieurs parties de l'Isère, les habitants se sont syndiqués de leur propre mouvement pour proscrire les chèvres. On a introduit la même interdiction, comme clause, dans les baux de fermage.

Les bergers de Provence seront donc toujours attirés par ces avantages, même quand ils ne seraient pas chassés hors des pâturages du Midi par les sécheresses estivales et le manque d'herbages. — D'un autre côté, les habitants, louant leurs montagnes, en tirent chaque année un revenu assuré, qui ne leur coûte ni fatigues ni sacrifices. Des bénéfices si faciles seront toujours un grand appât. Il est facile d'ailleurs aux contrées riches de s'imposer des sacrifices ; mais comment exiger d'un pays pauvre qu'il renonce de bon gré à une partie de ses ressources ? — Enfin, parmi ces motifs, et par-dessus tous les autres, il faut placer la force de l'habitude, toute-puissante chez ces montagnards.

Toutes ces causes réunies ne permettent pas d'espérer que les communes arrivent jamais d'elles-mêmes à s'appliquer ces salutaires restrictions, sur une échelle assez large pour remédier complétement aux longs abus du passé.

CHAPITRE XXIX.

EXEMPLE DU DÉVOLUY.

Je crains que toutes ces vérités, étayées de faits épars, n'aient pas encore le degré d'évidence que je désire leur donner. Je vais les représenter de nouveau, mais concentrées dans l'enceinte d'une seule localité. Je voudrais que des citations multipliées frappassent le lecteur, comme l'aspect réel des lieux frappe les sens, et imprime, pour ainsi dire, de vive force la conviction au fond de l'esprit.

Le *Dévoluy* forme, à l'ouest du département, une vallée allongée, divisée en deux parties par un petit col, et circonscrite par des chaînes élevées. On y pénètre par cinq passages, dont les uns sont des gorges de torrents, et les autres des cols que les tourmentes rendent impraticables pendant une partie de l'hiver. — Les montagnes sont chauves, dévorées par les ravins, les troupeaux et le soleil : nulle ombre, nulle verdure. Les fonds, presque déserts, sont ruinés par les déjections des torrents. L'aspect de ce misérable pays serre l'âme : on le dirait frappé de mort. La couleur pâle et uniforme du sol, le silence qui pèse sur ces campagnes, le spectacle hideux de ces montagnes, écorchées par les eaux et tombant en décomposition, tout annonce une terre d'où la vie se retire, et qui ne semble même plus lutter contre sa destruction. L'immobile sérénité du ciel, qui serait partout ailleurs un trait de beauté, ajoute encore ici à la tristesse morne du pays.

Je vais suivre pas à pas les fautes qui l'ont amené à cet état. On verra ici se dérouler un à un tous les faits qui ont été précédemment développés, et ils se succéderont dans le même ordre.

D'abord, tout atteste que ce pays était entièrement boisé. — On déterre dans ses tourbières des troncs ensevelis, monuments de l'ancienne végétation (1). Dans les charpentes des vieilles habitations, on découvre des pièces de bois énormes, que l'on ne retrouverait plus dans la contrée. Plusieurs quartiers, complétement nus, portent encore aujourd'hui le nom de bois (2). Un de ces vallons, celui d'*Agnères*, est appelé *Comba-Nigra* dans les anciens titres, à cause de ses épaisses forêts. — Ces preuves, et beaucoup d'autres, confirment les traditions, qui sont d'ailleurs unanimes sur ce point.

Là, comme dans toutes les Hautes-Alpes, les déboisements ont commencé sur les flancs des montagnes, et de là ont remonté peu à peu jusqu'aux cimes les plus accessibles. — Puis survint la révolution, qui fit tomber le reste des bois échappés aux premiers défricheurs. Cette dernière destruction s'est accomplie sous les yeux d'une partie de la

---

(1) A *Agnères.*
(2) Quartier du bois de *Laye.*

population actuelle, et tous les vieillards se la rap-
pellent (1).

Là aussi, après les déboisements, sont venus les défrichements et les dépaissances. On défrichait les terrains les
plus voisins des habitations. On lâchait les troupeaux partout
où il était incommode ou impossible de transporter les araires.
Cette marche, commencée depuis bien des siècles, accélérée
par les désordres de la révolution, a produit ses inévitables
fruits, et les habitants portent aujourd'hui durement la peine
de l'imprévoyance de leurs pères.

Leur première misère est dans l'extrême rareté du bois.
—Les communes se grèvent en achetant à grands frais la
jouissance de forêts lointaines. Il faut, dans certaines localités,
treize heures de fatigue pour rapporter à dos de mulet une
charge de bois à travers d'affreux précipices (2).

D'autres communes ont conservé des bois qui, à la rigueur,
suffiraient à leurs besoins (3); mais elles n'en sont pas plus
heureuses, et ce fait démontre bien que les forêts ont ici une
tout autre destination que celle de satisfaire aux besoins quo-
tidiens des habitants. —En effet, les déboisements, puis la
charrue et les troupeaux, ont tellement usé le sol végétal,
qu'il n'en reste plus qu'une mince couche, formée par la
décomposition du roc tendre qui est au-dessous et qui perce

---

(1) Plusieurs disent avoir égaré leurs troupeaux dans les forêts du
Mont-Auroux, qui couvraient les flancs de la montagne, depuis *La Cluse*
jusqu'à *Agnères*. — Ces flancs sont aujourd'hui nus comme la main.
(2) A *Saint-Étienne*.
(3) Les communes de *La Cluse* et de *Saint-Disdier*.

de tous côtés. Telle est la mobilité de ce terrain qu'il coule aux moindres pluies, et laisse un fond aride à la place de champs cultivés. Chaque orage fait surgir un torrent nouveau. On en montre qui ne comptent pas encore trois années d'existence, et qui ont détruit les plus belles parties des vallées (1). Des villages entiers ont failli être emportés par des ravins formés dans quelques heures (2). Je l'ai dit ailleurs, la plupart de ces torrents n'ont même pas de nom. — Souvent les eaux sauvages, ruisselant en nappes libres sur la superficie du terrain, sans lit, sans ravin, sans torrent, ont suffi pour délayer et ruiner des quartiers entiers, qui ont été abandonnés à jamais.

On peut voir ainsi, dispersées çà et là sur les flancs des montagnes, les traces d'anciennes cultures, dont les limites sont encore dessinées par des murs grossiers à pierres sèches, mais que l'homme a dû abandonner depuis longtemps (3). On imaginerait difficilement quelque chose de plus affligeant et de plus significatif que la vue de ces murs, délimitant des héritages qui n'existent plus : ils écrivent sur les revers du Dévoluy la future destinée de toutes les Alpes françaises.

Ici reparaissent encore ces fortes preuves qui ne permettent aucun doute sur l'influence destructive des troupeaux. — Des communes, épouvantées de l'avenir, ont mis quelques quar-

---

(1) Torrents de *Laye*. — Tous les torrents sans nom qui descendent du *Mont-Auroux*, vers le col de *Festre*.

(2) Village de *Trujo*, près de *Saint-Etienne*, sur le revers de la montagne de *Lierravesse*.

(3) Sur les coteaux d'*Agnères*, — au col du *Noyer*.

tiers à la réserve (1). Aussitôt la végétation a repris possession du sol. L'herbe, les broussailles, les arbustes fourrés ont reparu avec une merveilleuse célérité, et formé ce qu'on appelle des *blaches* dans le pays. Des forêts entières se sont relevées sur le sol des forêts détruites pendant la révolution, mais que les habitants, mieux inspirés cette fois, avaient soumis de suite au régime forestier (2).

Enfin, sur le même revers, les quartiers mis en réserve se distinguent, au bout de deux ans, de ceux abandonnés aux troupeaux (3). Les derniers sont nus et ravinés. Les premiers sont couverts de végétation ; le sol s'est raffermi, et les ravins, tapissés de plantes touffues, semblent cicatrisés comme des plaies, sous l'influence d'un topique bienfaisant. Dans les deux quartiers, l'exposition, les pentes, le sol, sont les mêmes ; la mise en réserve seule a tranché la différence. Que peut-on objecter à de pareils faits ? Ne sont-ils pas concluants ? Ne donnent-ils pas la clef du système à suivre pour arrêter et guérir le mal ?

En résumé, on le voit, ce sont toujours les mêmes effets résultant des mêmes causes. — Suivons-les plus loin : ils deviennent encore plus désolants.

Le pays se dépeuple chaque jour. — Ruinés dans leur culture, les habitants émigrent loin de cette terre désolée, et beaucoup n'y reviennent plus, contre l'habitude générale

---

(1) Montagne de *Chaumette*, quartier de *Maniboux*, — quartier de *Lierravesse*, — quartier d'*Auroux*, — près de *Saint-Etienne*.
(2) Forêt de *Malmort*, à *Saint-Disdier*.
(3) Quartier de *Jacié*, à *Agnères*.

des montagnards. On voit de toutes parts des cabanes désertes
ou en ruines, et déjà, dans certaines localités, il y a plus de
champs que de bras.

L'état précaire de ces champs décourage la population :
elle abandonne la charrue, et fonde toutes ses ressources
dans les troupeaux. Mais les troupeaux hâtent la ruine du
pays, qui périra par cette ressource même. Chaque année,
leur nombre diminue, faute de pacages. Le chiffre des
bêtes à laine, qui était de 53,000, il y a vingt ans, n'est
plus que de 36,000. Une commune qui en nourrissait
25,000 il y a quinze ans, n'en nourrit plus que 11,000 (1).
— Ainsi, les habitants, qui sacrifient tout leur sol aux troupeaux, ne laisseront pas même ce dernier héritage à leurs
descendants.

Maintenant on doit voir clairement où mène cet enchaînement fatal de causes et d'effets, qui commence par la
destruction des forêts, et se termine par les misères de la
population, condamnant ainsi l'homme à partager la ruine
du sol qu'il a dévasté. Il serait inutile d'ajouter d'autres
réflexions.

Tous ces faits ont été dernièrement retracés par
M. *Mourgue*, préfet des Hautes-Alpes, dans un mémoire
qui traitait spécialement de cette malheureuse vallée. —
« L'histoire du Dévoluy, dit en terminant M. *Mourgue*,
« sera celle des Hautes-Alpes avant cinq siècles, si l'indif-
« férence du législateur persévère, si l'incurie de l'admi-

____

(1) Celle de *Saint-Étienne*.

« nistration continue, et si rien n'arrête la cupidité des
« communes. »

On peut rapprocher ces paroles de celles de l'ancien préfet
des Basses-Alpes, M. *Dugied,* dans son mémoire déjà cité.
— « Telles sont les causes de la triste situation du dépar-
« tement. On peut avancer avec certitude que si l'on ne se
« hâte d'y porter remède, bientôt sa population ira en di-
« minuant dans la partie haute, et cela avec une rapidité
« qui ne s'expliquera que trop par ce qui précède. — Je
« ne sais si je m'abuse, mais je crois qu'on peut encore
« réparer le mal ; je crois surtout qu'il est temps de s'en
« occuper. *Encore un quart de siècle, et peut-être sera-t-il*
« *trop tard, parce que les meilleures terres qui existent*
« *sur les montagnes sillonnées par les orages seraient*
« *emportées.* »

Enfin, je transcris ce qui suit d'un mémoire de M. *Jousse
de Fontanière,* inspecteur des forêts, *sur la dégradation
des forêts dans les arrondissements d'Embrun et de Briançon.*

— « De tout ce qu'on vient de dire, on conclut que le
« département des Hautes-Alpes est celui de toute la France
« dont les cultivateurs sont le plus menacés dans leur for-
« tune, et qu'ils seront, plus tôt qu'on ne le pense, forcés
« d'abandonner les lieux qu'habitèrent leurs ancêtres ; et
« cela, par suite de la destruction du sol, qui, après avoir
« nourri tant de générations, cède peu à peu la place aux
« roches stériles.
« La ruine des forêts sera la principale cause de cette

« calamité. Les torrents, devenant de plus en plus dévasta—
« teurs, enseveliront sous leurs alluvions de vastes terrains,
« qui seront pour toujours enlevés à l'agriculture. Les
« coteaux, dénudés de leurs terres végétales, ne permettront
« plus l'infiltration des eaux. Alors les sources tariront,
« et la sécheresse des étés n'étant plus tempérée par les
« arrosages, toute végétation sera détruite.

« Les éléments de destruction naissent ainsi les uns des
« autres, et il suffit d'observer ce qui se passe aujourd'hui
« pour prédire ce qui arrivera infailliblement dans quelques
« siècles. Quand les forêts auront enfin totalement disparu,
« le feu et l'eau, ces deux premiers éléments de la vie,
« manqueront à ces contrées désolées.

« La cupidité des habitants, leur ténacité dans les vieilles
« habitudes, ne permettent pas d'espérer qu'aucune con—
« viction morale de cet avenir frappe assez vivement leur
« pensée pour les engager à quelquess sacrifices momen—
« tanés. — C'est à l'administration, plus éclairée sur l'état
« des choses et sur ses conséquences, à combattre le
« mal par des lois mieux appropriées aux besoins du
« pays. »

Ces conclusions ne sont pas moins explicites que toutes
celles déjà citées.

Je m'arrête là. Il serait superflu d'étaler d'avantage une
plaie, dont nous connaissons maintenant toutes les causes,

et dont il est temps de rechercher le remède : c'est ce que
nous allons essayer dans la dernière partie (1).

---

(1) La substance de cette troisième Partie, qu'on vient de lire, consiste surtout dans le faisceau d'observations, qui établissent que les
forêts ont pu éteindre les torrents, et que leur destruction peut les
ressusciter, ou en créer de nouveaux. — Ces faits, qui avaient quelque
nouveauté en 1840, sont aujourd'hui, en 1870, au-dessus de toute contestation. On les a vérifiés dans une grande partie des Alpes.

M. Gras, ingénieur en chef des mines, les a confirmés dans un intéressant mémoire, publié en 1848, et que j'ai déjà cité. D'après ce
géologue, la formation des torrents éteints aurait suivi immédiatement l'époque des glaciers et des blocs erratiques, les Alpes se trouvant alors complétement dénudées par le froid et par le long séjour
des glaces.

« A la longue, dit-il, les forces productives de la nature ont ramené
« la végétation au sein des Alpes, et sont parvenus à les couvrir
« d'épaisses forêts. Ce reboisement a modifié profondément le régime
« des cours d'eau, qui ont perdu alors leurs caractères torrenriels, et
« les lits de déjection se sont éteints. . . .

« Quand l'homme, ensuite, a commencé à habiter les Alpes, il a
« détruit une partie des forêts et étendu les cultures sur le flanc des
« montagnes. Ces défrichemeuts ont réveillé, en quelque sorte, l'ac-
« tion dévastatrice des torrents et donné une nouvelle vie à leurs lits
« de déjection : ceux-ci ont reparu sur un grand nombre de points,
« sans devenir, toutefois, aussi nombreux et aussi étendus qu'autre-
« fois. »

QUATRIÈME PARTIE ^(*).

MOYENS A OPPOSER AUX TORRENTS.

CHAPITRE XXX.

ÉTABLISSEMENT DU PROBLÈME DES DÉFENSES SUR DE NOUVELLES BASES.

Nous voici parvenus jusqu'aux dernières sources du mal. Il faut revenir maintenant à notre point de départ, et reprendre le problème de la défense, en nous aidant de la connaissance plus complète que nous avons acquise des causes, ainsi que des faits capables de les modifier.

(*) Avant d'aborder cette dernière partie, il est indispensable de prévenir le lecteur que les pages qu'il va parcourir ont cessé aujourd'hui, en 1870, d'exprimer de simples projets ou des espérances.—Après un long sommeil dans le sein de diverses commissions, l'idée est enfin devenue une réalité, dans les mains de l'Administration des eaux et forêts. Ses fonctionnaires dévoués poursuivent depuis plusieurs années, non pas dans les Hautes-Alpes seulement, mais dans toutes les montagnes de la France, un ensemble de travaux, conformes à ceux indi-

Les différents systèmes de défense , décrits dans la deuxième partie , sont visiblements insuffisants : je l'ai déjà fait entrevoir dans plusieurs endroits. — Un seul pourrait en être détaché, plus rationnel que les autres : je veux parler des *barrages*. Mais ce moyen seul ne suffirait pas, et il est inapplicable sur de grandes échelles.

Tous les autres systèmes , par cela seul qu'ils sont établis sur les lits de déjection , sont des systèmes manqués. — Premièrement, ils ne réussissent que dans un cas seulement : celui où le torrent s'écoule au pied des digues sans exhausser : ce qui n'arrive pas généralement. — Ensuite, lors même que ce cas se présente, le seul qui puisse

---

qués et discutés dans cette dernière partie de notre étude : tâche bien autrement difficile et méritoire que cette œuvre de jeunesse, où nous n'avons eu qu'à pousser le cri d'alarme, en montrant de loin le secours. Si l'application a révélé quelques difficultés, inévitables toutes les fois qu'on passe d'un projet quelconque à son exécution, il faut ajouter qu'elles ont été partout surmontées par la persévérance et la sagesse de cette Administration, et le succès, finalement, n'a été inférieur à aucune de nos prévisions, si même il ne les a pas dépassé.

L'attention publique, absorbée aujourd'hui par le développement sans fin de nos réseaux ferrés, ainsi que par les magnifiques transformations de nos grandes villes, ne s'est pas encore tournée vers ces nouveaux travaux d'utilité publique, qui s'accomplissent obscurément dans les coins les plus retirés de la France. — Mais, j'ose prédire que l'utilité et la grandeur de cette œuvre éclateront un jour, avec la grandeur même des résultats, et qu'elle aura sa place d'honneur parmi d'autres entreprises, utiles ou glorieuses, qui signaleront notre époque à la reconnaissance de nos descendants.

J'indiquerai très-sommairement, par quelques renvois au bas des pages, les diverses applications ou modifications qu'ont reçu aujourd'hui les idées qui y sont exposées; et pour prévenir toute confusion, je supprimerai complétement toutes les notes de l'édition de **1841.**

assurer le succès de l'endiguement, quel autre résultat aura-t-on obtenu, si ce n'est d'avoir changé le mal de place? — En effet, si le torrent arrive chargé de matières (et il arrivera toujours chargé, tant qu'on n'aura pas fait cesser les affouillements dans le haut), il faut bien qu'il les dépose quelque part; s'il ne le fait devant les digues, il le fera plus loin. Par conséquent, en sauvant quelques propriétés, on n'aura fait que détourner le fléau, qui tombera de tout son poids sur les quartiers voisins.

On dira que le torrent, s'il était repoussé de proche en proche par tous ses riverains, pourrait traîner ses alluvions jusque dans la rivière qui le reçoit : ce qui éloignerait tout à fait les ravages. — Oui, mais alors c'est dans la rivière qu'on aura transporté le mal; et ce résultat, à tout considérer, est peut-être le pire de tous. Il est incontestable que la réception de toutes ces matières dégorgées par les torrents est une des principales causes de la divagation des rivières. Elles en déposent la plus grosse partie près du confluent où elles les ont reçues; elles charrient le reste plus loin, et s'en débarrassent peu à peu. Or, comment prendraient-elles une forme de lit stable, avec un fond que l'addition de nouveaux dépôts doit modifier continuellement? — Elles sont donc forcées de divaguer; et par là, elles distribuent sur un long parcours tous les maux qui suivent toujours l'instabilité du lit, maux qui pèsent à la fois, et sur l'agriculture, et sur la navigation.

On peut encore faire cet autre reproche aux digues, qu'elles arrivent toujours trop tard, quand le mal est déjà fait, et qu'elles ne font rien pour le prévenir : grave défaut, quand on considère la multitude de torrents récents qui surgissent de toutes parts. Si l'on croyait avoir tout fait en opposant à chaque torrent nouveau des digues nouvelles, on voit qu'on serait bientôt entraîné dans d'excessives dépenses, et qui n'empêcheraient pas de nouveaux torrents de s'ouvrir, à côté de ceux qu'on serait occupé à combattre. Elles n'empêcheraient pas même ceux qu'on aurait réussi à dompter dans le bas de poursuivre leurs ravages dans le haut; de sorte qu'elles ne seraient jamais profitables qu'aux seules vallées.

En définitive, tout système de défense, quel qu'il soit, qui n'empêchera pas d'abord les affouillements dans la montagne, demeurera toujours incomplet, et cela, par une raison simple et sans réplique : c'est que les matières, une fois mises en mouvement, doivent nécessairement se déposer quelque part, à moins qu'on ne les suppose solubles dans l'eau, ou susceptibles de s'évaporer. — De là cette conclusion importante : *Que le champ des défenses doit être transporté dans les bassins de réception.*

D'un autre côté, l'existence bien constatée d'un si grand nombre de torrents récents introduit dans le problème des défenses une condition nouvelle. A présent, la question ne peut plus être seulement de s'opposer aux invasions des torrents; elle est aussi d'empêcher leur formation; sans quoi, on entreprendrait une œuvre qui serait à recommencer chaque jour, et dont la dépense n'aurait plus de terme. — La question enveloppe donc deux problèmes distincts :

1° *Prévenir la formation des torrents nouveaux ;*
2° *Arrêter les ravages des torrents déjà formés.*

On devine déjà à l'aide de quels moyens on peut arriver à l'une et l'autre fin : ils sortent tout naturellement des faits développés dans la précédente partie. Il faut se rappeler tout ce qui a été dit ici sur l'action des forêts, et, en général, sur celle de la végétation; combien, sur un grand nombre de points, celle-ci est encore tenace et résiste avec vigueur aux plus actives causes de destruction; combien, sur d'autres points, elle a promptement surmonté ces causes, dès qu'elle a pu se développer librement; combien elle est efficace à empêcher la formation des torrents partout où elle a pris pied ; combien elle a puissamment contribué à étouffer des torrents complétement formés, etc..... Tous ces faits portent leur conclusion avec eux, et il est superflu de la faire ressortir : — *c'est que la végétation est le meilleur moyen de défense à opposer aux torrents.*

Si l'on part de cette idée, les deux problèmes sont ramenés à la discussion des procédés à suivre pour jeter la plus grande masse possible de végétation, soit sur les terrains menacés par de futurs torrents, soit à l'entour des torrents déjà formés. — L'art alors se bornera à imiter la nature, à s'emparer de ses procédés, et à opposer habilement les forces de la vie organique à celles de la matière brute. Tout ce que nous allons entreprendre, la nature l'a déjà fait avant nous dans les temps passés, et elle le renouvelle encore aujourd'hui sous nos yeux, dès que nous la laissons opérer en liberté. Nous sommes donc assurés d'avance du succès, puisqu'il ne s'agit, en quelque sorte, que de recommencer des expériences déjà faites, et dont la réussite a été complète.

Dès lors aussi, ce n'est plus dans le bas qu'il faut chercher des expédients de défense; le bas se défendra de lui-même, sitôt qu'on sera parvenu à modifier les conditions du haut. Il faut donc laisser là les digues, et reporter la défense dans les régions supérieures des montagnes. — Ce n'est même plus un *système de défense* qu'il faut chercher, mais c'est un double *système de préservation et d'extinction*.

Ces idées, si elles réussissent à convaincre les hommes éclairés, avec le même caractère d'évidence sous lequel elles m'apparaissent à moi-même, ne tendent à rien moins qu'à créer une nouvelle sorte de travaux publics. Elles ouvrent un champ nouveau d'études et de travaux, dont la législation reste à faire, où l'argent manque, où l'art lui-même est encore à trouver. Il est impossible de s'avancer dans ces terres inconnues, sans paraître quelque peu aventureux. En proposant des choses qui n'existent pas, des dispositions nouvelles à introduire dans nos lois, des dépenses nouvelles à inscrire dans nos budgets, et qui jusqu'ici n'ont pas encore été scellées de cette étiquette, qui légitime tant de dépenses et tant de mesures, *l'utilité publique*, je risque d'alarmer certains esprits. — Mais qu'on veuille bien considérer si les choses que je vais proposer sont possibles, en même temps que bonnes, utiles, nécessaires en elles-mêmes, et non pas si elles sont en harmonie ou en contradiction avec les moyens d'exécution que fourniraient en ce moment la législation ou l'administration; car c'est à l'insuffisance de ces moyens qu'il faut surtout pourvoir.

CHAPITRE XXXI.

SYSTÈME DE PRÉSERVATION CONTRE LES TORRENTS.

La solution du premier problème est déjà toute trouvée, et nous n'avons rien à inventer.

Dans beaucoup de localités, où les habitants ont vu certains quartiers communaux se dénuder peu à peu, la verdure périr, et la montagne se sillonner de ravins, les conseils municipaux ont pris le parti de les mettre *à la réserve*. (*Chap.* 28.) Jusqu'ici, cette mesure a été prise librement et sans contrainte, par la conscience de l'utilité commune, et souvent malgré la résistance de quelques propriétaires de troupeaux, lésés dans leur intérêt. L'opposition des plus riches, généralement toute-puissante dans les petites localités, n'a pu prévaloir ici contre l'évidence des faits, et l'autorité d'une conviction universelle. — On a vu d'ailleurs que cette simple mesure, consistant uniquement à interdire ces quartiers aux troupeaux, a suffi pour les régénérer.

C'est ce fait qu'il s'agit d'étendre et de régulariser.

Aujourd'hui tout dépend du bon vouloir et de la prudence des communes. Mais peut-on compter toujours sur l'un et l'autre? S'il est bien constaté qu'une certaine région va devenir la proie des torrents, faut-il attendre que d'autres communes, situées dans la vallée, soient ruinées, parce que les communes supérieures auront fermé l'oreille à tous les conseils, et à toute intervention morale? Une telle résistance est-elle même conforme à l'esprit général de notre législation, qui ne permet pas aux fonds supérieurs d'agraver, en ce qui concerne l'écoulement des eaux, la situation des fonds inférieurs?—Remarquez bien que l'agravation ici ne peut être considérée comme tout à fait naturelle; car elle vient d'un certain mode d'usage des parties supérieures, et ce que pourrait demander la vallée, serait précisément de laisser le régime des eaux s'établir sous l'influence unique des lois naturelles.

Il y a donc, dans l'espèce, un autre intérêt à considérer que celui des communes qui possèdent le haut, intérêt dont celles-ci ne prennent nul souci, outre qu'elles méconnaissent le leur propre, en s'obstinant dans leurs coutumes et dans leur résistance.

Par tous ces motifs, je conclus que la première mesure, et la plus utile de toutes, serait celle qui investirait l'administration du droit de mettre certains quartiers à la réserve, nonobstant la résistance des communes, toutes les fois qu'il sera dûment constaté que cette mesure est nécessaire à la conservation du sol.

Mais ceci ne résoudrait qu'une partie de la question.

D'abord, il n'est pas certain que l'interdiction pure et simple des troupeaux suffira toujours et partout pour rappe-

ler la végétation et consolider le sol. Il faudrait dans beaucoup de cas, et même dans tous, si l'on veut hâter les résultats, venir au secours de la nature par des semis ou des
plantations. — Ces terrains devraient donc être mis sous
le régime forestier et confiés aux soins de l'administration
forestière, en tout ce qui concerne leur garde ou leur ense-
mencement, quelle que soit d'ailleurs la solution que l'on
donne à la question de savoir par qui, et à la charge de qui
seront faits les semis ou plantations.

D'autre part, nous n'avons en vue jusqu'ici que les biens
communaux : ce qui est bien le cas général. Dans ces
croupes supérieures et dénudées, il n'y a jamais, ou presque
jamais, de propriétés privées : ce sont des terres vagues
appartenant aux communes, qui n'en tirent d'autre parti
que d'y lâcher des troupeaux. — Ces quartiers sont de
beaucoup les plus étendus, en même temps qu'ils sont ceux
dont la consolidation importe le plus à l'objet que nous
poursuivons.

Mais à mesure qu'on descend des hauteurs, on ne peut
manquer de rencontrer quelques cultures particulières,
d'abord rares et chétives, ensuite plus nombreuses et plus
productives. Le choc est alors inévitable entre la propriété
privée et l'intérêt de tous.

En ce cas, deux partis sont à prendre :

1° La *sujétion* imposée aux propriétaires de renoncer à
la charrue, et de planter des bois ;
2° L'*expropriation* même du terrain.

Le premier moyen reviendrait à remettre en vigueur la

loi rapportée par Fabre, et citée plus haut (*chap*. 28), et qui interdit les défrichements sur les talus en forte pente.

Je sais que de pareils règlements semblent heurter de front les droits de la propriété. Ils portent en eux quelque chose de rétroactif, puisqu'ils imposent des sujétions nouvelles à des terrains, qui ont été vendus et achetés sous un régime affranchi de toute servitude de ce genre. — Mais c'est là ce que présentent un grand nombre de mesures d'utilité publique. La loi des forêts, celle de la plantation des tabacs ne portent-elles pas aussi atteinte à la propriété? Ici, dans l'intérêt public, certaines cultures sont imposées à certaines propriétés. Là, dans l'intérêt strict du trésor, certaines cultures sont interdites à d'autres propriétés. — Ne viole-t-il pas aussi la propriété, ce droit donné aux entrepreneurs des travaux publics d'ouvrir des carrières dans les héritages non clos? N'est-ce pas une autre violence encore, que cette sujétion imposée aux riverains du Rhin, par l'article 136 du code forestier, de fournir des fascines aux travaux de défense établis sur ce fleuve?

Le second moyen, savoir l'*expropriation*, est une mesure avec laquelle les travaux publics nous ont familiarisés depuis longtemps en France, et qui est loin de bouleverser au même point nos principes sur le droit de propriété. Elle n'offre, en apparence, qu'un seul inconvénient : celui d'entraîner dans d'excessives dépenses; mais en y réfléchissant mieux, on voit ces dépenses, si grosses au premier coup d'œil, décroître et se fondre presque complétement.

En effet, il arrivera toujours de deux choses l'une : — ou bien les propriétés enclavées dans l'enceinte des quartiers à préserver seront stériles, menacées par les eaux, et de mince valeur ; auquel cas il sera peu coûteux de les acquérir, à l'amiable ou par voie d'expropriation ; — ou bien elles seront solides, bien assises et fertiles ; mais on voit bien alors, par les qualités mêmes de ces terrains, qu'il ne serait plus aussi nécessaire de les boiser.

L'expropriation se ferait selon les formes prescrites pour l'acquisition des terrains nécessaires aux routes ; mais, pour être légale, elle exigerait d'abord que le reboisement fut déclaré d'*utilité publique*. Or, je demande si, dans ce département, les chemins vicinaux, auxquels la loi confère ce privilége, le méritent davantage que les travaux qui feraient cesser les dévastations des torrents ?

D'ailleurs, quand même on contesterait ce titre à ces travaux en général, on ne pourrait le leur refuser, toutes les fois qu'ils s'appliqueraient à des terrains dominant une route quelconque, royale, départementale ou vicinale ; et pour tous ces cas la question est déjà résolue. — En effet, comme ces travaux peuvent être assimilés à de véritables digues, dont la route profite et qu'elle pourrait même solliciter la première, dans l'intérêt de sa viabilité, la légalité de l'expropriation, si elle était nécessaire, ne saurait être mise en doute. Ainsi, il suffirait de démontrer que quelques pas d'une route exigent la consolidation d'un terrain supérieur pour attribuer aussitôt au reboisement de ce terrain un caractère d'utilité publique, et partant, pour légitimer toutes les expropriations que ce travail pourrait rendre nécessaires. — Or, il n'y a peut-être pas un seul de ces quartiers qui ne satisfasse à cette condition.

Mais c'est là un biais auquel il serait fâcheux qu'on fût contraint de recourir. — Il importe que la loi caractérise par une expression franche et nette l'importance de ces nouveaux travaux ? Alors tout devient clair et légitime, et rien n'empêche de marcher droit vers le but.

Il est bien entendu d'ailleurs que l'expropriation exigeant une déclaration préalable d'utilité publique, et celle-ci exigeant une enquête *de commodo et incommodo*, de pareilles mesures ne seraient prises qu'après l'accomplissement de toutes ces formalités.—La reconnaissance des terrains à préserver, ainsi que le tracé de leur périmètre, seraient faits de concert par les ingénieurs des ponts et chaussées, au point de vue hydraulique, et par les agents forestiers, au point de vue du reboisement. Les plans et les rapports seraient déposés; les populations seraient entendues, et l'administration supérieure ne statuerait qu'en parfaite connaissance de cause.

Toutes ces propositions peuvent se résumer ainsi qu'il suit :

1° Armer l'administration du droit de déterminer le périmètre des terrains dont la consolidation importe à l'intérêt public;

2° Consacrer ces terrains par une déclaration d'utilité publique, qui permette de les interdire à la charrue et aux troupeaux, et d'assujettir les propriétaires à l'expropriation ou au boisement.

3° Placer ces terrains dans la main de l'administration

forestière, pour les recouvrir de bois, à l'aide de semis, ou de tous autres moyens (1).

---

(1) Toutes ces questions sont aujourd'hui résolues par la loi du 28 juillet 1860, de la manière suivante :

1° Elle pose en principe que « l'intérêt public peut exiger que des « travaux de reboisement soient rendus obligatoires, par suite de « l'état du sol et des dangers qui en résultent pour les terrains infé- « rieurs. »

2° L'État détermine le périmètre des terrains à reboiser, et déclare l'utilité publique, par un décret, rendu en Conseil d'État, après enquête.

3° Les communes et les particuliers sont mis en demeure d'effec- tuer le reboisement, moyennant des subventions qui consistent en primes d'argent, ou en délivrances de grains.

4° Au refus des communes, le reboisement est effectué d'office par l'État, qui garde la jouissance des terrains jusqu'au remboursement intégral de ses dépenses.

5° Au refus des particuliers, leurs terrains sont acquis par l'État, par voie d'expropriation, et reboisés.

6° Dans les deux cas, le reboisement étant effectué, les communes ou les propriétaires peuvent obtenir leur réintégration, en abandon- nant à l'État la moitié des terrains reboisés, ou en lui remboursant intégralement les dépenses faites en travaux, intérêts et principal.

CHAPITRE XXXII.

SYSTÈME D'EXTINCTION DES TORRENTS.

J'aborde le second problème, celui de l'*extinction des torrents*.

Je suppose le cas le plus général, celui d'un torrent parvenu à son complet développement. — Il s'agit de l'éteindre par le secours de la végétation.

On commencerait par tracer sur l'une et l'autre des deux rives du torrent une ligne continue, qui suivrait toutes les inflexions de son cours, depuis son origine la plus élevée jusqu'à sa sortie de sa gorge. La bande comprise entre chacune de ces lignes et le sommet des berges formerait ce que j'appellerai une *zone de défense*. Les zones des deux rives se rejoindraient dans le haut en suivant le contour du bassin, et borderaient ainsi le torrent dans toute son étendue, de même qu'une ceinture. Leur largeur, variable avec les pentes et avec la consistance du terrain, serait d'environ 40 mètres dans le bas; mais elle croîtrait rapidement à mesure que la zone s'élèverait dans la montagne, et elle finirait par embrasser des espaces de 400 à 500 mètres.

Ce tracé s'appliquerait non-seulement à la branche prin-

cipale du torrent, mais encore aux divers torrents secondaires qui s'y déversent. Il s'appliquerait encore aux ravins
que reçoit chacun des torrents secondaires ; et poursuivant
ainsi une branche après l'autre, il ne s'arrêterait qu'à la
naissance du dernier filet d'eau. De cette manière, le torrent
se trouvera saisi et enveloppé jusque dans ses plus petites
ramifications. — Comme les zones de défense, en pénétrant
dans le bassin de réception, s'élargiront beaucoup ; comme
d'un autre côté, les ramifications sont dans cette partie plus
multipliées et plus rapprochées, il arrivera que les zones
voisines se toucheront, se superposeront même, et qu'elles
se confondront dans une région générale, qui couvrira toute
cette partie de la montagne, sans y laisser de place vide.

Le périmètre des zones de défense étant ainsi déterminé,
on a fait le tracé du travail qu'on va entreprendre. — Ici se
placerait, comme précédemment, la déclaration d'utilité
publique, et les formalités légales qui doivent la précéder.

Il s'agit maintenant, par les moyens les plus actifs et les
plus prompts, d'attirer la végétation sur toute la surface de
la ceinture. — Pour cela, on fera des semis et des plantations d'arbres. Là où il serait impossible de faire venir tout
d'abord des arbres, on provoquera la croissance des herbes,
des arbustes, des buissons.... Mais dans le haut, où les zones
embrassent toute l'enceinte du bassin de réception, c'est
une forêt qu'il faut surtout créer. On choisira les essences
les plus convenables : on aura recours à tous les procédés connus, puis à ceux qui restent encore à découvrir, et
qui sortiront de l'expérience. — Le but de ces travaux doit
être de couvrir le bassin de réception par une forêt qui

s'épaississe chaque jour, et qui, s'étendant de proche en proche, finisse par l'envahir jusque dans ses derniers replis.

Si la végétation développée ainsi sur la superficie des zones de défense est gardée contre les troupeaux, si elle est gardée contre les déprédations des habitants, si elle est soignée, entretenue, activée par tous les moyens possibles, elle enveloppera toutes les parties du torrent par un *fourré* très-épais, lequel réalisera à la fois deux effets également salutaires : celui d'arrêter les eaux, et celui de consolider le sol. Pour peindre par un seul trait l'effet de ces dispositions, je dirai que le torrent se trouvera placé dans les mêmes conditions que s'il sortait du sein même d'une forêt profonde, qui l'envelopperait de toutes parts et dans laquelle il serait comme noyé. — J'ai décrit ailleurs les résultats qui naissent d'une semblable circonstance : on se rappelle comment la forêt, luttant contre les eaux, finit par éteindre le torrent. Les mêmes effets se reproduiront ici, et il est inutile de les retracer.

Par la même analogie, on comprend que la végétation, avançant toujours et gagnant chaque jour du terrain, doit descendre sur les berges et finir par les tapisser, jusque près du fond du lit, ainsi que cela est arrivé dans les torrents éteints. Mais la fixation des berges est de trop grande importance pour qu'on l'abandonne ainsi aux caprices du sol et au libre cours de la nature. Nous touchons ici à la troisième partie de l'opération. C'est là surtout qu'il importe de redoubler de soin, et de multiplier les artifices ; car là croissent les difficultés.

Pour attirer la végétation sur les berges, on les couperait

par de petits canaux d'arrosage dérivés du torrent. Ils imprégneraient ces terres déchirées et toujours arides d'une humidité fécondante ; ils briseraient aussi la pente des talus, et serviraient à les rendre plus stables. Bientôt on les verrait disparaître sous des touffes de plantes variées, attirées au jour par les semis et par la présence de l'eau. — Ces rigoles, prolongées ensuite jusqu'au sommet des berges, pénétreraient dans les zones de défense, dont elles fertiliseraient le sol.

Enfin, pendant que toutes ces plantations retiendront les terrains au milieu desquels s'écoule le torrent, on empêchera les affouillements en construisant, au pied des berges, ces murs de chute, dont j'ai parlé au chapitre 10. On emprunterait de cette manière aux systèmes actuels de défense ce qu'ils ont réellement de plus efficace. — Dans la plupart des cas, on trouverait dans les plantations mêmes, les meilleurs matériaux de leur construction. Les jeunes arbres donneraient des pieux ; les produits de l'élagage et les buissons fourniraient des fascines. On construirait alors ces barrages en fascinages, ou ces palissades clayonnées, recommandés par Fabre. Ces ouvrages coûteraient peu de main-d'œuvre ; les matériaux ne coûteraient absolument rien ; ils seraient donc économiques ; ils n'offriraient pas non plus les dangers qui accompagnent les murs en maçonnerie (*Chap.* 16). — On pourrait donc les multiplier partout, sans aucun inconvénient, et presque sans dépense.

Ces barrages préserveraient le pied de certaines berges, jusqu'au moment où la végétation les aurait revêtues sur toute leur hauteur, et où le torrent lui-même aurait perdu la plus grande partie de sa violence.—On s'en servirait aussi pour intercepter les ravins peu profonds, pour combler les petites flaches; en un mot, pour amener à la surface du sol et effacer complétement ces filets innombrables, divisés comme les fibres chevelues d'une racine, et qui sont bien réellement la racine du mal.

En récapitulant l'opération, on voit qu'elle se compose de cinq choses :

1° Le tracé des zones de défense ;
2° La déclaration d'utilité publique:
3° Le boisement des zones ;
4° La plantation des berges vives;
5° La construction des barrages.

Il reste à parler de l'ordre dans lequel il conviendra de pousser les travaux. Cet ordre, loin d'être arbitraire, est une des conditions principales du succès.

J'ai déjà si souvent fait ressortir, dans le cours de ce travail, la nécessité d'attaquer les torrents dans leurs sources mêmes, qu'il est inutile d'y revenir encore. Ainsi, c'est dans les parties les plus élevées que les travaux seraient d'abord entrepris : ils avanceraient de là vers les parties basses. Non-seulement on commencerait par planter le bassin de réception avant de s'occuper des zones inférieures ; mais dans ce bassin même, on remonterait d'abord aux plus hautes ramifications, on s'élèverait au delà des dernières traces du lit, et jusqu'à ces pentes, sillonnées par des ravins que les eaux forment et déforment à chaque orage. C'est là qu'on assoirait d'abord la végétation, qui serait conduite ensuite vers le bas, mais en s'assurant que. les parties laissées en arrière sont bien consolidées.

L'effet des travaux, entrepris d'abord dans les régions supérieures, sera d'amortir la violence du torrent à l'aval de ces parties. Les berges des régions inférieures seront donc moins menacées, et la construction des barrages y sera plus facile.—Il est visible, d'ailleurs, qu'en arrivant à ces gorges, la consolidation des zones de défense qui les dominent ne sera assurée que par celle des berges mêmes, et celle-ci ne le sera que par la défense de leur pied. C'est donc par les barrages d'abord, puis par la plantation des talus des berges qu'il faudra commencer dans ces parties.

Telle serait, en général, la méthode à suivre pour éteindre un torrent. C'est à l'expérience à montrer quelles modifications pourraient y être introduites (1).

------

(1) Les procédés généraux, esquissés dans ce chapitre, ont été appliqués, et successivement perfectionnés par l'Administration forestière. —Le travail se poursuit aujourd'hui dans les Hautes-Alpes, sur un grand nombre de torrents. De véritables ingénieurs-forestiers se sont formés, habiles à étudier les projets en les adaptant judicieusement aux circonstances variées du terrain, non moins habiles dans l'exécution des ouvrages d'art, souvent difficiles, que ces travaux comportent. On peut citer, entre autres, les remarquables travaux de M. *Costa de Basilica*, inspecteur général des forêts, sur le torrent de Chagne et sur celui de Vachères.

Quant aux résultats, ils ne sont plus contestables. Les torrents s'éteignent, à mesure que la végétation produit son effet, et celui-ci a été généralement plus prompt qu'on ne s'y attendait.

« Par le fait de la végétation, dit M. *Gentil*, ingénieur en chef dans « les Hautes-Alpes, les caractères torrentiels ont disparu. Les eaux, « même en temps de. pluie, sont devenues moins troubles. Il n'y a « plus de crues violentes et subites. *Les eaux, en arrivant sur les côn ɛ*

« *de déjoction, s'encaissent naturellement dans leurs dépôts.* Les riverains
« peuvent se défendre à moins de frais.....

« L'aspect de la montagne a brusquement changé. Le sol a acquis
« une telle stabilité que les violents orages de 1868, qui ont provoqué
« tant de désastres dans les Hautes-Alpes, ont été inoffensifs dans les
« périmètres régénérés.....

... « On avait étudié, en 1862, un projet de digue, sur le cône de
« déjection du torrent de Sainte-Marthe. Ces travaux, évalués à
« 40,000 fr., n'étaient, en réalité, qu'un remède provisoire : la digue
« eût été, au bout de quelques années, ensevelie sous les déjections
« du torrent. — Aujourd'hui *le torrent de Sainte-Marthe est complète-
« ment éteint :* il ne descend plus rien de la montagne. Les proprié-
« taires et les ingénieurs ne songent plus à des digues : de simples
« murs de clôture suffisent pour protéger les terres riveraines. »

Dans les rapports du Conseil général des Hautes-Alpes, session de
1867, on lit ce qui suit :

« L'expérience a parlé, et si voisins que nous soyons encore du jour
« où fut décrétée la régénération des montagnes, *le succès de cette
« grande œuvre est désormais assuré...* Les résultats presque inespérés
« déjà obtenus permettent de compter d'une manière absolue sur le
« résultat final ;... nos grandes pentes seront restaurées, et les torrents
« principaux *éteints*, ou du moins, réprimés .

CHAPITRE XXXIII.

ESTIMATION DES DÉPENSES.

Pris dans son ensemble, le système qui vient d'être exposé embrasse deux sortes d'opérations, selon qu'il s'applique à des terrains vagues où il s'agit de prévenir la formation des torrents, ou à des terrains déjà envahis par des torrents, qu'il s'agit d'éteindre. Mais les deux cas aboutissent à une seule et même opération : recouvrir ces terrains de forêts, ou de toute autre végétation capable de les protéger. — Quant aux moyens, ils sont les mêmes, sauf quelques travaux accessoires et quelques difficultés de plus, dans le second cas que dans le premier. Dans les deux, il faut tout d'abord interdire le sol à la charrue et aux troupeaux : ce qui exige des dispositions législatives communes aux deux. Les objections sont encore les mêmes des deux côtés ; et la même difficulté s'élève, quant aux moyens de faire face à la dépense.

Considérées ainsi d'une manière générale, nos deux solutions ne sont que les applications diverses d'une même pensée : les deux systèmes n'en font qu'un, et il devient inutile de les distinguer. Je vais donc les confondre dans tout

14

ce qui va suivre, en appelant dorénavant *reboisement* l'ensemble des travaux propres à prévenir ou à éteindre les torrents, à l'aide de la végétation.

Une question reste à traiter : c'est celle de la dépense.

Tel que je l'ai décrit, l'application du système semble devoir produire beaucoup de difficultés, d'énormes dépenses et une sorte de bouleversement général dans tout le pays. Mais on se tromperait fort, si l'on croyait qu'il fût nécessaire de l'appliquer à chaque torrent, dans tous ses détails et dans toute sa rigueur, ce qui serait souvent une grosse entreprise. Je n'ai tracé qu'une méthode générale qui doit se modifier dans l'exécution. Chaque cas particulier présentera des simplifications, et l'application générale et complète ne se présentera peut-être nulle part.

J'ai dit que les travaux commenceraient par les parties hautes. Mais telle sera, dans la plupart des cas, la puissance du boisement appliqué aux bassins de réception, que ces régions une fois ensevelies sous les plantations, on jugera superflu de pousser l'opération vers le bas; et si on le fait, du moins ne sera-t-il plus nécessaire de la continuer sur la même échelle. On se contentera de tapisser les berges : ce qui n'entraînera pas d'expropriation, ni de sujétion, ni de coaction, et pourra se faire sans troubler les riverains.

Lorsqu'on examine avec attention un torrent, on remarque que toutes ses parties ne sont pas également nuisibles. Le mal réside souvent dans une seule branche, et les autres n'y contribuent que pour une part insignifiante. — Il serait inutile alors de leur appliquer, à toutes indistinctement, le même traitement; on se bornerait à attaquer la branche dévastatrice, et celle-ci une fois éteinte, les ravages auront cessé.

En général, lorsqu'on aura intercepté toutes les ramifications d'un torrent, et qu'il se trouvera réduit à son tronc principal, il aura le plus souvent cessé d'être redoutable ; par conséquent, on pourra se dispenser de boiser les alentours du tronc. Tout se bornera à bien attaquer les ramifications, et surtout à bien discerner celles dont les effets sont les plus nuisibles. C'est là ce qui doit résulter d'une bonne étude des lieux, faite avant l'ouverture des travaux.

Je ferai remarquer encore que les dépenses relatives à l'expropriation des propriétés privées, la seule que j'admette, pourront être réduites fréquemment par le consentement des propriétaires à accepter les sujétions qui leur seront imposées, sans se dessaisir du fonds. — J'ajouterai que les régions hautes, qu'il faut surtout attaquer, ne nécessiteront pas d'expropriations, et, par conséquent, que l'application du système sera la plus commode et la moins dispendieuse, précisément là où ses effets seront les plus utiles.

Ces préliminaires posés, quel pourra être le chiffre de l'opération ?

Il serait bien difficile de l'établir avec précision, en l'absence de tant d'éléments, que l'expérience acquise à la suite de quelques essais pourrait seule fournir. Néanmoins, comme il faut asseoir d'abord nos idées sur une base quelconque, sauf à la modifier plus tard, je partirai du chiffre auquel est arrivé M. Dugied (1).

____

(1) Voir la note 12, qui donne l'analyse de son Mémoire.

Cet administrateur qui a vu juste, avec ce mérite d'avoir formulé pratiquement sa pensée, concluait comme nous, comme tant d'autres, à la nécessité de reboiser les montagnes, et il en a calculé la dépense. — Il laissait faire les reboisements aux communes et aux propriétaires, l'État n'y intervenant que par des primes annuelles, par des distributions gratuites de graines, et par des remises de contributions.

C'était, à mon avis, une singulière méprise d'asseoir tout le succès d'une telle œuvre sur le bon vouloir des propriétaires. Si l'entreprise est une chose d'utilité publique, comme le dit l'auteur, si elle a véritablement le degré d'importance et de nécessité qu'il lui attribue, convient-il de l'abandonner à la merci de tous ceux qui refuseraient de s'y prêter?—C'est trop bien juger de l'esprit de nos campagnes que de croire qu'une prime suffira, dans tous les cas, pour vaincre l'inertie des habitants, ou l'intérêt qu'ils peuvent avoir au *statu quo.*

Quelques primes ne leur paraîtront pas toujours une indemnité assez large pour compenser les peines et les frais que pourront exiger les semis, et la diminution temporaire de leurs pâturages, dont M. Dugied ne parle pas, et le remplacement de leurs champs de seigle, si maigres qu'ils soient, par des bois, etc. Je ne comprends l'efficacité des primes qu'à la condition qu'il y ait derrière elles un commandement formel, parti du haut, et qui, d'abord, décide catégoriquement que le reboisement se fera dans tous les cas, par les habitants s'ils s'y prêtent, ou par d'autres, s'ils s'y refusent. — Ces travaux, d'ailleurs, offriront souvent des difficultés, et ne réussiront qu'au prix d'efforts soutenus et intelligents, que les paysans ne prendront pas. Qui donc ferait les barrages et les canaux d'irrigation?

Une autre imperfection de ce projet vient du peu d'efforts qu'a faits l'auteur pour en démontrer solidement l'efficacité. Comme remède aux torrents, il propose une très-grosse opération : le reboisement d'une superficie de 150,000 hectares dans le département des Basses-Alpes ; et il ne démontre nulle part que les bois soient capables de réduire un torrent à l'état de simple ruisseau : il ne connaît pas les torrents éteints. — De vagues généralités ne suffisent pas pour suivre l'auteur dans de si grands projets et de si belles espérances ; et c'est la raison, sans doute, du peu d'effet qui a suivi sa publication, la masse des lecteurs et l'administration supérieure elle-même n'y ayant vu qu'un lieu commun, qui avait perdu tout crédit à force d'être répété, sans être jamais bien prouvé ?— Ce qui montrerait une fois de plus qu'il est souvent plus facile de rencontrer la vérité que de la démontrer, ou de la persuader à d'autres.

Quoi qu'il en soit, **M.** Dugied, faisant le détail estimatif de son projet, évaluait à 75,000 francs par an la somme nécessaire pour effectuer le reboisement, en 60 années.

Je ferai remarquer d'abord que ce chiffre s'applique, non pas au département même qui nous occupe, mais à celui des Basses-Alpes où les torrents sont moins redoutables, où les bassins de réception sont plus rares, plus rétrécis, et situés dans des régions moins élevées. Il faut observer ensuite que cette somme ne comprend ni frais d'expropriation, ni dépenses de barrages ou d'autres ouvrages accessoires,

M. Dugied n'ayant fait aucune place dans son projet à ces deux moyens, sans lesquels pourtant on ne peut espérer de résultat certain, etc...

J'estime qu'à raison de tous ces motifs, on pourrait augmenter d'un tiers le chiffre de M. Dugied, et fixer la dépense annuelle à affecter aux travaux de reboisement, dans le département des Hautes-Alpes, à la somme de 100,000 francs, répétée pendant 60 ans : — soit en tout 6 millions.

A ceux qui se récrieront devant un tel chiffre, je répondrai que le budget annuel des routes royales s'élève ici, depuis quelques années, à plus de 400,000 francs, et je leur demanderai s'ils estiment que le reboisement soit, dans l'échelle de l'utilité publique et de l'importance des résultats, une opération si fort au-dessous des travaux qui ont pour objet d'entretenir ou d'améliorer les routes ?...

Il est temps qu'on le sache. Il ne peut plus être question d'allocations insignifiantes, jetées à titre d'encouragements à quelques planteurs bénévoles, libres de prendre ou de laisser. Il faut laisser là, et les essais morcelés, et les travaux, facultatifs, et toutes ces demi-mesures qui, n'arrivant jamais jusqu'au but, obligeraient de recommencer toujours à nouveaux frais. Il s'agit du salut de toute une contrée : ce qui ne peut pas être l'œuvre de quelques jours, ni le fruit de quelques deniers. Quelques poignées de sable ne combleront pas le gouffre, dont nous connaissons maintenant toute la profondeur.

Disons-le donc de suite, et sans biaiser : il y a ici une

grande dépense à faire. — Sur qui doit-elle peser ? C'est ce que nous rechercherons plus bas (1).

---

(1) La loi du 28 juillet 1860 a affecté au reboisement des montagnes une somme de 10 millions, et celle du 8 juin 1864, relative au gazonnement, une somme de 5 millions : — en tout, 15 millions à dépenser en 10 ans.

Mais ces chiffres s'appliquent à toute la France. — De fait, le montant total des dépenses, effectuées de ce chef par l'Administration forestière dans le département des Hautes-Alpes, s'élevait, en 1869, à environ 1,100,000 francs.

L'exposé des motifs de la loi de 1860 évaluait la dépense moyenne du reboisement à 180 fr. par hectare : mais, en réalité, en 1864, cette dépense n'avait pas excédé 108 francs

Dès cette époque, les reboisements déjà effectués s'élevaient, ceux facultatifs, à 9200 hectares, et ceux domaniaux, à 1750 hectares. Une surface de 140,000 hectares était saisie par 264 projets, déjà étudiés, et sur lesquels 77 avaient été l'objet de décrets déclaratifs d'utilité publique. — Les travaux étaient en cours d'exécution sur 26 périmètres, embrassant 1853 hectares. (*Exposé des motifs de la loi du 8 juin 1864.*)

CHAPITRE XXXIV.

OBJECTION DES TROUPEAUX.

Nos propositions sont maintenant suffisamment définies, au triple point de vue de la législation, de la nature des travaux et de leur dépense. — En parcourant les diverses sortes d'objections qui peuvent leur être opposées, et les groupant par ordre pour rendre le débat plus clair, toute la discussion peut se concentrer dans les trois points suivants :

1° Est-il possible d'interdire une si grande surface de terrains aux troupeaux?

2° Le reboisement est-il possible, et sera-t-il efficace?

3° Sur qui portera la dépense?

Je vais examiner successivement ces trois questions, en commençant par la première.

Celle-ci pourrait être présentée sous une forme plus générale, puisque les mesures législatives à prendre ne concernent pas seulement les troupeaux, mais aussi les défrichements, et qu'elles tendent à modifier le droit de propriété dans certaines régions de ces montagnes.

Mais ce sont là des questions de légistes qui dépasseraient mon cadre : il me suffit de montrer que le salut de ces montagnes est attaché à ces mesures, étant bien assuré que nos lois s'accommoderont toujours à ce que commandera l'intérêt bien entendu de tous. — La question se réduit dès lors à un simple débat économique, relatif aux troupeaux.

Il faut bien se le rappeler : les bestiaux ne sont nuisibles que parce qu'il n'existe pas de mesure dans leur nombre, ni de police suffisamment sévère dans leurs pacages. Ils n'auraient aucun inconvénient, si on les confinait sur les plateaux, sur les cols, sur les montagnes pastorales proprement dites, partout enfin où les pentes sont douces et accidentées. — Il ne s'agit pas de prohiber les troupeaux; ce qui serait une absurdité. Mais il s'agit de les proportionner aux ressources actuelles de la contrée : ce qui est une mesure sage et nécessaire.

On fait contre cette diminution momentanée des troupeaux plusieurs objections. — On les prône comme formant la seule richesse du pays ! On ne réfléchit pas qu'il y a ici d'autres sources de richesses dans les produits du sol, et que les ravages causés par les troupeaux les mettent à néant. — On les représente comme l'unique ressource du pauvre ! Ce qui est le contraire de la vérité. Les troupeaux sont tous ici la propriété des riches; les pauvres ne supportent guère que les charges de cette spéculation, qui dévaste la contrée, pèse ainsi sur tous et ne profite qu'à un petit nombre. — On dit aussi que la diminution des troupeaux entraînerait celle des engrais, qui sont déjà aujourd'hui rares et recherchés. Mais je demanderai s'il faut absolument un si grand nombre de bêtes pour fournir aux besoins de l'agriculture dans une contrée où l'étendue des champs cultivés n'atteint pas le tiers de la superficie totale? Et dans le cas où l'on me répondrait affirmativement, je prierai qu'on m'explique comment la plupart des autres départements s'y prennent pour cultiver beaucoup plus de terres, avec beaucoup moins de bestiaux?

Il ne faut pas oublier non plus que les dévastations ne sont pas seulement le fait des troupeaux indigènes. Les troupeaux transhumants y contribuent dans une forte part. Et ceux-ci, quoiqu'ils ruinent le pays tout autant que les autres, n'y laissent pas à beaucoup près les mêmes bénéfices. Ainsi, en prohibant l'introduction des troupeaux de la Provence, on diminuerait une grande cause de ruine, sans léser beaucoup les intérêts des habitants. — Ce point-là est assez important pour que je l'examine de plus près.

Prenons les chiffres du *Dévoluy*, puisque cette vallée nous a déjà fourni plus d'un exemple.

Les moutons d'*Arles*, qui montent paître dans le *Dévoluy*, rapportent chaque année aux habitants 50 centimes par tête de bétail : c'est le droit de pâture pendant la durée de la belle saison. Les moutons élevés sur place rapportent dans une année 3 francs de bénéfice de toison. De plus, ils sont engraissés et peuvent être revendus avec un bénéfice variable de 2 à 3 francs. Ainsi un mouton, élevé par les habitants eux-mêmes, leur donne, par sa laine seulement, six fois plus de bénéfice qu'un mouton étranger. — Cela ne peut pas d'ailleurs être autrement, puisque les propriétaires des troupeaux étrangers, après avoir acquitté les droits de

pâturage, doivent encore trouver de bons bénéfices : sans
quoi, leur spéculation ne serait pas soutenable.

De là suit une conséquence très-claire. Si les habitants,
au lieu d'attirer les bergers étrangers, élevaient des moutons
à leur propre compte, ils auraient au moins les mêmes bénéfices, avec des troupeaux six fois moins nombreux. La
dévastation serait donc réduite dans une forte proportion, et
les revenus du pays ne seraient pas diminués.

On objectera peut-être le manque de fonds, résultant
de la détresse de la plus grande partie de la population. Mais
je l'ai déjà dit : ce n'est pas cette majorité pauvre qui
possède les troupeaux ; c'est la classe aisée, et celle-ci pourrait augmenter le nombre de ses moutons, du jour où l'interdiction des moutons étrangers mettrait en sa jouissance
une plus grande étendue de pâturages.

Mais par delà toutes ces craintes, énormément grossies,
comme on le voit, et qu'une sage modération dans l'application des lois nouvelles pourra rendre tout à fait vaines, il
faut voir l'avenir ; et la question change alors complétement
de face.

Il est aisé de voir qu'au bout de quelques années, les mesures proposées seront toutes devenues favorables aux troupeaux, contre lesquels elles semblent d'abord dirigées. —
En quoi consistent-elles ? Dans un sage équilibre à établir,
au moyen d'une restriction momentanée, entre la force des
troupeaux et les produits des terrains qui les nourrissent.
Et quel en sera l'effet ? — Il sera de régénérer les quartiers
épuisés, de rappeler la verdure sur les lieux d'où la présence des troupeaux l'aurait éternellement bannie ; il sera

donc d'augmenter le produit et l'étendue des pâturages, et, partant, d'accroître le nombre des bestiaux.

Il n'est pas rare aujourd'hui de voir un médiocre troupeau éparpillé sur des superficies considérables, qui suffisent à peine à le nourrir, tant le sol est usé par le piétinement ou par la dent des moutons; et plus un pacage est ainsi appauvri, plus ces malheureuses bêtes achèvent de l'épuiser, parce qu'elles s'acharnent alors à la recherche de la moindre touffe d'herbe, de la plus chétive broussaille, qu'elles broutent jusque dans la racine, détruisant à la fois la récolte et le fonds. — Si ces terrains étaient reboisés, quelques larges clairières, ménagées au milieu des forêts futures, sur des pentes convenables, nourriraient plus de bestiaux que la surface toute entière, dévastée aujourd'hui par la fuite du sol. Il n'est pas douteux qu'à l'aide de ces mesures, le pays ne devienne capable de nourrir, au bout de peu de temps, et sans le moindre inconvénient, une masse de bestiaux bien supérieure à celle qu'il n'entretient aujourd'hui qu'aux dépens de son sol et de son avenir.

Donc, en restreignant pendant quelques années le nombre des bestiaux, on se prépare les moyens de l'augmenter plus tard, et cette mesure, loin de réduire les troupeaux, tend à les accroître. — Au contraire, ce qui les réduirait infailliblement, serait de laisser aller les choses comme elles vont. Le gazon disparaissant, le nombre des moutons diminuerait chaque année avec l'appauvrissement des pacages, et finirait par se réduire à rien. Je ne fais pas là de prophétie hasardée, puisque les statistiques ont déjà révélé le fait de cette diminution dans plusieurs parties de ces montagnes.

Celui donc qui, pour repousser tout règlement dans les pacages des troupeaux, ferait valoir l'importance de cette branche de revenu pour le pays, celui-là serait forcé plus que tout autre d'accepter ces règlements, dans l'intérêt même de la conservation du bétail, dans l'intérêt même de la cause qu'il défend, et par les motifs mêmes qu'il aurait imaginés pour la mieux soutenir.

N'a-t-on pas fait des règlements de chasse, d'une sévérité presque féodale, pour empêcher la destruction du gibier, et forcé par là la génération présente à user sobrement d'une jouissance, afin de ne pas la ravir aux générations à venir? Or, ce qu'on a mis si résolument en vigueur pour un but, au fond assez peu grave, puisqu'il ne se rapporte qu'à un objet de gourmandise, n'oserait-on plus le tenter, lorsqu'il s'agit de prévenir le dépérissement des troupeaux, qui sont un aliment de première nécessité?

Chacun sait tout ce qu'on peut dire, au point de vue économique, sur la nécessité de développer en France l'élève des bestiaux. C'est devenu un lieu commun de dire que nos populations ne consomment pas assez de viande, et qu'il faut la leur livrer au plus bas prix possible. C'est un autre lieu commun de répéter que le morcellement toujours croissant des propriétés est défavorable à l'extension des bestiaux. — J'ajouterai seulement ceci : que s'il faut provoquer et encourager quelque part la multiplication des troupeaux, c'est surtout dans les pays de montagnes. Quelle autre région s'y prêterait mieux? Là s'étendent de vastes quartiers, d'accès souvent difficile, qui ne seront jamais susceptibles ni de cultures, ni de morcellements, où il faut laisser à la nature le soin de produire, et aux bêtes celui de chercher la récolte et de l'enlever sur place ; où enfin les bestiaux eux-mêmes, errant en liberté sous un ciel pur et vivifiant, semblent se plaire de préférence à toüt autre lieu. — Cela est si vrai que, dans tous les temps et sous toutes les latitudes de la terre, les troupeaux ont toujours fait la principale richesse des montagnes, souvent même l'unique ressource de leurs habitants.

Mais tout ceci étant bien admis, je dis qu'il devient d'autant plus important de mettre un terme à la marche actuelle des choses dans nos Alpes, puisqu'elle aboutirait fatalement à leur ravir peu à peu ce que nous venons de leur attribuer d'une manière toute spéciale. — Si vous voulez que ces montagnes se transforment peu à peu en des parcs, destinés à approvisionner de bestiaux les contrées d'alentour, si vous jugez que c'est là un but d'intérêt public, de l'ordre le plus élevé, faites alors ce qu'il faut pour l'atteindre. Or, vous n'y parviendrez que par les mesures que j'ose indiquer, et dont la première est d'interdire momentanément aux troupeaux les quartiers dont ils causent la ruine (1).

Ce n'est pas aux esprits simples des campagnes qu'il faut

______

(1) Cette question des troupeaux, et l'interdiction momentanée d'une partie des pâturages actuels, ont été dès le début, et sont encore aujourd'hui une des grosses difficultés de l'application de la loi de 1860. — Aussi s'est-on efforcé de l'atténuer par un ensemble de dispositions très-sages :

1° Le reboisement ne peut être effectué, chaque année, que sur le *vingtième*, au plus, de la surface des terrains à reboiser dans chaque commune;

2° Le droit de pâturage est restitué aux communes sur les terrains reboisés, dès que les bois sont reconnus défensables;

3° L'administration substitue, autant que possible, le gazon-

demander une longue prévoyance. Pour eux, l'univers et le temps se concentrent dans leur famille, et ils ne voient rien au delà. Il faut leur pardonner (puisque la loi les y autorise même par ses définitions surannées), il faut, dis-je, leur pardonner d'*user* et d'*abuser* de leurs propriétés, et de ruiner leurs montagnes, en confisquant l'avenir au profit du présent. — Mais, je le demande, est-il permis à une administration sage de laisser consommer sous ses yeux de tels abus, sachant où ils mènent? N'a-t-elle pas un compte à rendre de l'héritage placé sous sa tutelle, vis-à-vis de ceux qui viendront après nous? N'est-elle pas responsable des embarras, et peut-être des misères qu'elle leur prépare, et qu'ils pourront un jour reprocher à son incurie, ou à un coupable manquement de fermeté? — C'est donc à l'État de porter noblement le poids de sa mission; à lui de s'alarmer et d'aviser aux remèdes, là où la génération présente, absorbée dans sa tâche de chaque jour, ne prévoit rien, et ne redoute rien.

L'indifférence même du pays, si elle était réelle, ne

---

nement au reboisement, depuis la promulgation de la loi du 8 juin 1864;

4° On ne peut réserver simultanément aux travaux de gazonnement que le *tiers* de la surface totale des terrains à gazonner.

Outre ces dispositions précises, l'administration des forêts a porté dans l'exécution de sa nouvelle tâche un remarquable esprit de modération, qui lui a concilié le concours et la reconnaissance de toutes les contrées où elle a eu à l'appliquer. — On en voit l'expression dans les rapports de divers conseils généraux, notamment en ce qui concerne M. *Seguinard*, conservateur des forêts dans les Hautes-Alpes, « où son expérience éclairée et sa fermeté bienveillante lui ont conquis toutes les sympathies du Conseil. » (*Rapport de 1866*).

ferait que rendre le devoir de l'État plus obligatoire. On aura beau répéter que la contrée pâtit aujourd'hui de ses propres fautes, qu'elle n'a jamais tenté aucun effort pour se sauver, qu'elle est même loin de désirer l'application de tous ces grands projets de régénération..... Quand toutes ces raisons auront été bien étalées, je dis qu'on aura d'autant mieux démontré la nécessité de l'intervention de l'État. **Si** ce pays n'a pas le pouvoir, ni même la volonté de se sauver, il faut que le secours lui vienne du dehors ; il faut qu'une main étrangère le tire de ce milieu stupéfiant, qui le tuerait d'autant plus sûrement, s'il ne lui laissait pas même sentir les approches de la mort.

CHAPITRE XXXV.

RÉUSSITE DU REBOISEMENT.

J'aborde la seconde objection : « Le reboisement est-il
« possible ? »

S'il restait le moindre doute à ce sujet, tout ce que je
propose s'écroulerait ; et il faut convenir que le doute est
permis chez tous ceux que frappe pour la première fois
l'aspect décharné de ces montagnes. Les yeux plaident
d'abord contre toute possibilité de reboisement, et il faut
accumuler les preuves pour dissiper cette première impression.

Mais il faudrait premièrement se mettre en présence
d'autres aspects, plus rares à la vérité, mais qui n'en sont
pas moins propres à donner le choc à l'esprit, dans une
direction toute contraire. Je veux parler de ces débris
d'anciennes forêts, que l'on voit ici dispersés par lambeaux
sur toutes les croupes, soumis à toutes les expositions, cram-
ponnés à tous les terrains, où les arbres semblent parfois
sortir du cœur même de la pierre. Ces vieux témoins se
tiennent debout, victorieux contre les attaques incessantes
des hommes et des eaux, des troupeaux et du climat, comme

pour attester qu'ils sont plus forts que tous ces obstacles, que l'on serait d'abord tenté de considérer comme insurmontables. — Se peut-il qu'une chose que la nature entreprend d'elle-même, qu'elle maintient avec tant d'obstination, qu'elle renouvelle partout où on la laisse libre de ses mouvements, devienne impraticable, sitôt que l'homme se mêlerait de venir au-devant de la nature?

Tout le monde convient que les Alpes étaient anciennement boisées. — Mais cela même est une preuve que les bois peuvent encore y reparaître. Les premières forêts, que la nature a jetées sur ces montagnes, ont eu à s'emparer d'un sol plus nu, plus stérile, plus bouleversé que celui d'aujourd'hui. Et si les forces de la végétation ont triomphé une première fois, pourquoi succomberaient-elles aujourd'hui? On dira qu'elles étaient aidées par le temps ! —Assurément. Mais aujourd'hui elles seront aidées par l'homme, et ce renfort ne vaut-il pas celui de quelques siècles ?

Ce n'est pas peu de chose que la volonté humaine, lorsque, doublée de l'intelligence, elle vient s'ajouter aux forces naturelles pour les diriger vers une fin donnée. — Il y a çà et là, dans le lit de la Durance, quelques conquêtes sur les eaux, qui se sont faites spontanément, par les seuls hasards de la nature. De longues années ont à peine suffi pour y attirer la végétation, que la sauvage rivière ne cesse de menacer. Quand l'homme entreprend de pareilles conquêtes, il les achève en trois ans : trois ans lui suffisent pour faire fleurir des champs, sur la même place où les eaux roulaient des sables et des cailloux! N'est-ce pas là un tout autre prodige que celui qui consisterait à rappeler les forêts sur les mêmes lieux qu'elles recouvraient jadis?

On objecte souvent les tentatives faites par des particuliers, qui ont vainement essayé de planter certains terrains. — On ne réfléchit pas au grand nombre de causes capables de faire avorter une expérience isolée, et qui disparaissent, lorsqu'il s'agit d'une entreprise faite sur une échelle générale et avec des moyens suffisants.

Qui nous dit que le propriétaire ait convenablement choisi l'essence de ses arbres ? Qui nous garantit qu'il ait eu recours aux procédés les mieux appropriés à la nature de son sol, ou qu'il ait mis à ses essais toute la persévérance, tous les soins et toutes les dépenses désirables ?—On ne pratique d'ailleurs guère ces reboisements que sur des terrains dont on ne peut tirer aucun autre parti. De façon que ces sortes d'expériences n'embrassent, le plus ordinairement, que de courts espaces de terrains, ce qui est déjà un inconvénient, et de plus, des terrains absolument stériles, ce qui est un autre désavantage.

Dans le reboisement, tel que nous l'avons présenté, toutes les circonstances sont tout autrement favorables à la réussite. — Ici, l'opération, au lieu d'être rétrécie dans les bornes étroites d'une propriété privée, couvre une vaste surface, dans laquelle les chances de succès s'accroissent, en quelque sorte, avec l'étendue même du champ de l'expérience. — Je m'explique :

Lorsqu'une grande étendue de terrain est ensemencée ou complantée, il est très-possible que la végétation ne surgisse pas avec un égal succès sur tous les points à la fois : cela n'est pas même probable. Mais, dans une enceinte aussi spacieuse, il y aura beaucoup de chances de réussir dans quelques parties, qui conviennent mieux que les autres à la végétation, et sur lesquelles elle s'établira de suite avec vigueur. — Dès lors commence une action nouvelle.

Chacun de ces bouquets de verdure devient un centre de propagation. Autour d'eux se forme une lisière plus ou moins large, où le sol, rendu plus humide par le voisinage de l'ombre, labouré par les racines qui serpentent au loin, engraissé par la chute des feuilles, recevant d'ailleurs une multitude de rejetons et de graines, subira une sorte de préparation, qui le rend plus propre à se recouvrir de plantes à son tour. Celles-ci s'y fixent; le cercle s'agrandit; chaque année, la végétation gagne du terrain. Bientôt les parties rebelles, bonifiées par le contact de la végétation, et enveloppées de tous côtés, finissent par être envahies comme le reste.

C'est ainsi que procède la nature, dont il faut se rapprocher le plus possible, et épier le secret. Si elle a réussi à enraciner des forêts jusque sur les plus durs rochers, c'est par suite de cette propriété qu'a la végétation de s'étendre sans cesse, en semant sans relâche autour d'elle, en fécondant et transformant d'abord le sol, afin de s'en emparer plus tard : véritable contagion, qui se communique de proche en proche, et que les vents peuvent transporter tout à coup à des distances immenses, à l'aide des semences qu'ils emportent dans leur course. Comme le temps ne fait qu'accroître cette puissance d'envahissement, puisque, d'une part, il prépare de mieux en mieux le sol, et de l'autre, étend de plus en plus le périmètre de la conquête, en même temps qu'il multiplie la masse des graines, il n'est point de terrains capables de résister indéfiniment à cette force d'expansion de la vie, et tous, à la longue, finissent par être vaincus.

Aussi voit-on, dans les îles inhabitées, et dans les portions de continent où l'homme n'a pas encore troublé l'ordre de la nature, les forêts recouvrir presque sans interruption la surface entière du sol, ne s'arrêtant que là où la terre leur manque pour faire place à l'eau.—Telles sont les forêts vierges de plusieurs îles de la Malaisie et du Brésil; telles étaient celles de l'Amérique du Nord, avant l'établissement des Européens. Telle enfin se présentait vraisemblablement notre vieille Europe, avant les âges historiques, et même à des époques moins reculées; car l'histoire nous montre la Germanie, du temps des premiers Césars, comme ne formant à peu près qu'une seule grande forêt, coupée par les fleuves et par les marais, et dans laquelle les bourgs et les cultures étaient noyés comme des clairières. — Il n'y a pas encore un siècle, la Russie était toute noire de forêts, et je ne sais quel voyageur, pour en donner une idée, rapportait qu'un écureuil, sautant d'un arbre à l'autre, pouvait aller de Moscou jusqu'en Finlande, sans toucher une seule fois la terre.

Il est bon qu'on ait présent à l'esprit l'image de cette merveilleuse puissance de propagation, sous laquelle palpite la vie, lorsqu'on parle sérieusement de l'impossibilité de créer ici des forêts. — Qu'aurait-on prouvé, après tout, si, désignant quelques quartiers, où il ne reste plus que le roc nu, aux parois lisses et verticales, on nous mettait au défi de le tapisser d'arbres ? — Nous accorderions ce point bien volontiers, attendu que nous n'avons nul intérêt à boiser un terrain, qui, par lui-même, est déjà si solide, que les eaux ne peuvent plus l'entamer ni l'emporter. Il n'en reste pas moins prouvé que le reboisement réussira toujours, soit sur les terres friables, soit même sur les roches en décomposition. Or, ces régions, qui sont les seules où le reboisement soit véritablement utile, constituent une vaste zone, embrassant en largeur tout l'espace qui s'étend entre la cime rocheuse des montagnes et le milieu environ de leurs flancs, et s'étendant en longueur sur tout le développement de leurs chaînes. Dans cette ample surface, les places inabordables à la végétation ne figureraient plus que comme des points, et ne changeraient absolument rien au résultat général des travaux.

Mais laissons là les généralités pour arriver au cœur même de la difficulté : « Est-il possible de boiser les berges « vives des torrents ? »

On se rappelle la description qui en a été faite (*chap.* 3) : ce n'est pas certainement celle d'un terrain propice aux plantations. Les berges sont pourtant ce qu'il importe le plus de consolider. Elles constituent, à proprement parler, le torrent même ; c'est de leurs flancs qu'il tire, comme d'un arsenal, la plus grosse masse de ses alluvions, et s'il continuait de les ronger, rien ne serait fait. — Il faut donc ici serrer de près la question.

La difficulté, quant aux berges, est double :

1° Le torrent ne minera-t-il pas le pied des talus, et ceux-ci, s'éboulant sans cesse, n'entraîneront-ils pas la végétation, à mesure qu'elle parviendrait à s'y établir ?

2° La végétation est-elle même possible sur de tels terrains, et sur de tels talus ?

Dans la première objection, on oublie d'abord que les barrages sont destinés précisément à empêcher cette action, au moins pendant le temps nécessaire à la végétation pour étouffer le torrent. — Ensuite, quand on craint que les eaux n'affouillent une berge avec assez de violence pour ne pas laisser le temps à la végétation de s'y fixer, on admet qu'elles y arrivent avec la masse et la vitesse qu'on leur voit aujourd'hui. On ne réfléchit pas que les travaux commencés dans le haut auront déjà tellement affaibli le courant qu'il ne pourra plus produire les mêmes effets dans le bas. S'il les produisait encore, il faudrait perfectionner les travaux supérieurs, avant d'entreprendre, à force de dépenses et d'échecs, la lutte contre l'instabilité des berges inférieures.

Passant à la seconde objection, j'appliquerai d'abord aux berges la remarque déjà faite plus haut : c'est que partout où elles sont formées de roches dures et escarpées, rebelles à toutes tentatives de plantation, il serait, par ce motif même, peu utile de les planter. Celles, au contraire, creusées dans les terrains meubles, et qu'il importe le plus de consolider, sont aussi précisément celles dont le sol, par sa nature même, se prête le mieux à la végétation.

J'insiste sur cette remarque, qui s'applique généralement à tous les terrains que la végétation est destinée à défendre contre les injures des eaux. Elle signifie « *que les difficultés que présente un terrain à la végétation sont en raison inverse de l'intérêt qu'on a à le planter.* » — On comprend de suite combien d'objections tombent devant cette simple observation.

Mais ce qui doit surtout assurer la bonne venue de la végétation sur les berges, c'est la possibilité de les arroser. Je voudrais que le torrent fût saigné jusqu'à sec, et que la masse entière de ses eaux, sortie de ce fond qu'elle affouille, fût éparpillée par mille filets sur les berges. C'est alors que l'élément de dégradation deviendra bien réellement un élément de fécondité, ainsi que je l'ai dit ailleurs dans une digression qui pouvait alors paraître oiseuse, et qui menait à mon but, comme on le voit maintenant.

Il n'est personne qui, ayant voyagé dans ces montagnes, n'ait été surpris de l'étonnante fertilité que l'arrosage donne ici aux terres. Dans ces calcaires si friables, l'effet de la latitude est encore augmenté par l'inclinaison des terrains ; et quand une côte, frappée par les feux perpendiculaires du soleil, est en même temps abreuvée d'eau, la végétation s'y déploie avec une vigueur sans égale. — On en voit des exemples dans la plupart des berges qui sont traversées par des canaux d'arrosage ; et ces exemples sont précisément ceux qui s'appliquent à mon sujet.

Je citerai, entre autres, le torrent de *Bramafam*, près d'Embrun, à mille pas environ en amont de la route royale. Là, on peut voir une berge d'une vingtaine de mètres de hauteur, sur laquelle le passage d'un canal d'arrosage a fait surgir une végétation si touffue, qu'il est difficile de distinguer, sous cette chevelure de broussailles, quelle est la couleur et la nature du terrain. Pourtant cette berge est très-abrupte ; de plus, elle est formée de ce calcaire sombre et feuilleté, c'est-à-dire, du pire de tous les terrains du département. — Si la présence fortuite d'un canal, non-obstant des circonstances aussi défavorables, a produit de pareils effets, comment n'en serait-il plus de même, lorsque ces effets seront provoqués par les moyens les plus actifs? S'ils arrivent spontanément et par hasard, cesseront-ils d'arriver, quand tout sera combiné dans le but de les reproduire?

En parcourant la *Vallouise*, une des vallées du département, tristement célèbre autrefois par le massacre de sa population protestante, on remarque sur la rive droite de la *Gironde* un grand nombre de ravins que la végétation a tapissés jusque dans leur fond, et qui tranchent sur la nudité générale des coteaux. Il est visible que si elle s'est développée là avec plus de force que dans les terrains environnants, c'est qu'elle trouvait dans ces creux plus de fraîcheur et d'humidité. — On peut observer des faits semblables sur la rive gauche de la Durance, en face du village de *Saint-Clément*.

En résumé, je crois que la proximité des eaux fera prospérer toutes les plantations qu'on entreprendra d'attirer sur les bords des torrents. Nulle part ailleurs on ne trouverait un tel auxiliaire. Et s'il s'agissait de choisir au milieu de ces montagnes les emplacements les plus propices aux plantations, on ne découvrirait rien de mieux que les alentours des torrents.

CHAPITRE XXXVI.

EFFICACITÉ DU GAZON ET DES ARBUSTES.

Je ne m'arrête pas à l'objection qui mettrait en doute les résultats du reboisement, dans le cas où l'on serait parvenu à l'effectuer avec un plein succès. — Au-dessus de tous les doutes planera toujours ce grand fait, qui suffit seul à les dissiper tous : je veux parler des torrents éteints. De même que l'existence ancienne des forêts sur toutes ces montagnes prouve la possibilité de les reboiser, celle des torrents éteints prouve l'efficacité des forêts contre les torrents. Il est de la dernière évidence que si les bois ont pu, dans le passé, produire de tels effets, ils peuvent encore les produire de nos jours, et que notre intervention ne peut qu'en hâter l'accomplissement, si elle est ainsi conçue qu'elle seconde l'effort de la nature, au lieu de le contrarier.

Mais une autre erreur pourrait opposer une influence fâcheuse à l'exécution de nos travaux, et il importe de la détruire. Je veux parler de cette opinion dans laquelle, sans mettre en question les heureux résultats du reboisement, on croirait toutefois qu'ils ne pourront se réaliser qu'au bout d'une très-longue série d'années.

Je dis que cette opinion serait fâcheuse : car les travaux séculaires ne sont plus de notre goût. Combien d'entre nous reculeraient, consternés et rebutés, devant une entreprise dont la fin utile se perdrait dans les vapeurs d'un avenir lointain, tandis que le mal présent nous presse et réclame un prompt remède ! — Mais hâtons-nous de faire voir que cette opinion n'est pas fondée.

En effet, de quoi s'agit-il principalement dans tout ce que nous proposons ? — De prévenir ou de détruire les torrents. Eh bien ! pour en arriver là, il n'est nullement indispensable d'attendre que les terrains soient ensevelis sous une couche de hautes forêts ; il suffit que le sol soit tapissé de gazon, de broussailles ou d'arbustes. — Les herbes et les broussailles, aussi bien que les arbres, protégent la surface du sol, divisent les courants qui tendent à le raviner, empêchent la concentration subite des eaux, et en absorbent une certaine portion dans l'humus spongieux qui se forme à leur pied. Tout cela, nous le savons déjà, et les exemples se pressent pour l'attester.

Mais s'il faut soixante ans pour créer une véritable forêt, si plusieurs siècles seront peut-être nécessaires pour parvenir à boiser certains revers déchirés, où les difficultés redoublent en nombre et en puissance, il suffira de quatre à cinq années pour permettre à cette menue végétation de se rendre définitivement maîtresse d'un terrain. — C'est là ce que prouve l'expérience de beaucoup de quartiers mis à la réserve, auxquels il n'a pas fallu plus de temps pour se couvrir spontanément de cette utile armure.

Dès lors, il faut concevoir l'entreprise comme se séparant

en deux effets : — l'un, qu'on peut considérer comme immédiat, produit par l'apparition de l'herbe, des broussailles ou des arbres naissants, et qui se manifestera de suite par la consolidation du sol et par l'extinction ou l'affaiblissement des torrents; — le second, plus lointain, qui n'arrivera qu'à la suite des forêts, et dont l'importance sera développée tout à l'heure. — Mais en ne considérant que le premier de ces effets, qui est précisément le but même de nos travaux, celui qui doit mettre un terme aux maux actuels, et qu'il est le plus pressant d'atteindre, il demeure bien établi que cet effet-là, loin d'être séculaire, sera presque instantané, et qu'il se fera sentir dès les premiers essais.

J'opposerais la même considération à ceux que pourraient effrayer la stérilité et l'extrême dénudation de certains terrains, comme s'il fallait absolument nous obstiner à faire pousser de grands bois, même là où ils n'auraient aucune chance de réussir! — Ma réponse est bien simple. A de pareils terrains, nous ne demandons pas de produire des arbres ; nous nous contentons d'y favoriser simplement la venue des broussailles. Ce résultat nous suffit, et en allant de suite au but, il dispose le sol à recevoir plus tard une végétation plus robuste.

Or, on peut poser en principe qu'il n'est aucune sorte de terrain, si stérile qu'il paraisse, qui ne soit propre à porter quelque espèce de broussailles. On voit ici les hypophaës dresser leurs tiges épineuses sur les cailloux les plus nus de la Durance et des torrents; au bout de trois ans, ils ont formé des massifs tellement touffus qu'il est impossible à un homme de s'y frayer un passage. L'épine-vinette, aux longues racines traçantes usitées dans la teinture, le buis, le prunellier, l'épine noire, la ronce rampante, croissent sur les côtes les plus arides. Le myrtile, le genévrier, le rhododendron prospèrent jusque sur les sommets les plus froids, parmi la neige et les glaces. Enfin, la lavande pousse ses touffes aromatiques à travers les débris formés par les éboulements des rochers, dans ces terrains nommés ici des *casses*, et dont on ne peut donner une meilleure idée, qu'en les comparant à un amas de moellons, jetés les uns sur les autres.

Dès qu'on voudra s'occuper sérieusement de ce sujet, quelques recherches faites avec intelligence auront bientôt fait découvrir quel genre de plantes convient à telle exposition, à tel terrain, à telle hauteur. Quelques expériences pratiquées en petit, enseigneront ensuite les meilleurs procédés à suivre, pour transporter ces plantes sur le sol où il est utile de les appeler. Dès lors la méthode sera trouvée, et l'on opérera en grand, sans tâtonnement et sans détours.

Une troisième conséquence, et celle-ci est très-importante, découle encore du mariage de la petite végétation à celle des grandes forêts : c'est que la première, une fois bien établie sur le sol, fournit de suite une ressource à l'alimentation des bestiaux, et peut même, sous forme de pelouses ou de prairies, devenir un genre de culture très-productif. — Par cette raison, les communes, et même les particuliers, englobés dans le périmètre de la défense, seront vraisemblablement disposés à accepter ce mode de transformation de préférence à tout autre : ce qui restrein--

drait les expropriations, et résoudrait, dans beaucoup de cas, la question par de simples sujétions, acceptées sans trop de résistance.

On peut compter en toute sûreté sur ce résultat si, comme nous l'avons déjà indiqué, on fait marcher de front l'irrigation avec les travaux de reboisement : alliance qui doit sembler bien rationnelle, si l'on considère que ces deux genres de travaux sont complémentaires l'un de l'autre, et qu'ils tendent tous deux au même but, qui est de consolider le sol, le premier en le tapissant de gazons, le second, en le recouvrant de forêts. Or, cette transformation fût elle-même imposée aux propriétaires par l'action de certains règlements, n'en serait pas moins toute à leur avantage, puisque les prairies ont généralement plus de valeur que les champs cultivés; en sorte que la sujétion n'aurait eu d'autre effet que de les forcer à tirer de leur terrain le meilleur produit possible, sans nuire aux terrains voisins.

Les travaux devraient donc être dirigés de façon à développer ce genre de végétation, partout où cela serait possible. Et comme il y a toujours de l'eau, ou tout au moins de l'humidité, aux alentours d'un torrent, le gazonnement du sol y sera plus facile qu'ailleurs, et une notable partie des enceintes de défense pourra être ainsi convertie assez rapidement en prairies.

Les prairies sont, sans contredit, le genre de culture le mieux approprié aux pays de montagnes. Au lieu d'ameublir le sol, elles le relient et le retiennent sur des talus, d'où une terre labourée s'écoulerait incessamment. Elles exigent peu d'engrais et en donnent beaucoup, par les bestiaux qu'elles permettent d'élever. Avec des prairies, le cultivateur peut se passer de main-d'œuvre, de bêtes de trait, de tout cet attirail de labour et d'instruments aratoires, dont le transport au milieu de ces montagnes est toujours si embarrassant et si pénible, souvent même si périlleux. Avec des prairies, il n'a plus à redouter, ni les gelées tardives du printemps, ni les gelées excessives de l'hiver, ni les longues pluies, les grêles et les orages de l'été, ni les insectes dévorants, ni le maraudage de l'homme.

La création d'une grande superficie de pelouses ou de prairies, liée ainsi au reboisement, serait donc pour ce pays le plus grand des bienfaits. Elle déterminerait vraisemblablement les habitants à multiplier le gros bétail, aujourd'hui rare dans le pays, et moins nuisible aux pacages que les chèvres et les moutons : ce qui tient, en partie, à une conformation différente des dents. Il donne d'ailleurs plus d'engrais ; il fournit des attelages à la charrue et aux charrettes ; sa viande est plus nourrissante, son laitage plus recherché.

Si les habitants étaient conduits peu à peu à substituer des bœufs et des vaches à leurs désastreux troupeaux de chèvres et de moutons, ils augmenteraient leurs récoltes de fourrages, pour fournir à la subsistance de ces bêtes pendant l'hiver. Les voilà sollicités encore une fois à augmenter leurs prairies. Par là, nos Alpes se rapprocheraient peu à peu des conditions de l'heureuse Suisse, où les prairies et le gros bétail constituent l'une des principales richesses de la contrée.

C'est ainsi que tout s'enchaîne, et que les améliorations se suivent à la file, l'une entraînant l'autre, de même que nous l'avons vu, dans un sens inverse, pour les éléments de destruction (1).

---

(1) La loi du 8 juin 1864 a eu spécialement pour objet d'étendre au gazonnement des montagnes les dispositions que la loi de 1860 avait prévues pour leur reboisement.

Cette nouvelle loi, qui, dans la pensée très-sage du législateur, devait servir de complément à la première, en a, dans la pratique, facilité considérablement l'application, et par les raisons mêmes qui sont développées dans ce chapitre.

L'art nouveau, que pratique maintenant l'Administration forestière, consiste à marier judicieusement les deux procédés de consolidation, en faisant la plus large part possible aux besoins d'une population pastorale. — Tous ceux qui ont parcouru la Suisse ont pu remarquer que les prairies et les pelouses s'y mêlent ainsi aux forêts, en formant, tantôt des clairières noyées dans les bois, tantôt des bandes qui courent horizontalement sur les versants, en alternant avec les forêts.

Mais il ne faudrait pas s'y méprendre. Le gazon est plus délicat que la forêt; il exige un meilleur sol, de l'humidité, des talus moins escarpés. Il ne vient pas partout où peuvent venir les arbres, ou tout au moins les broussailles. Il ne réussira en maints endroits, qu'à l'ombre et sous la protection des grands bois. Ceux-ci seuls peuvent résister aux avalanches, aux chutes des blocs, au choc violent des ondées, ainsi qu'aux sécheresses exceptionnelles. — Les forêts constitueront toujours le moyen général et définitif, dont les gazons seront le complément.

CHAPITRE XXXVII.

IMPUISSANCE DU DEPARTEMENT A SUPPORTER LA DÉPENSE.

Nous voici arrivés à la troisième question : « Qui doit supporter la dépense de ces travaux ? »

On répondra de suite : « ceux qui y sont intéressés, » c'est-à-dire les propriétaires, les communes, le département et l'État. — Mais les trois premières caisses puisent leurs ressources dans le pays même ; elles sont locales, strictement solidaires l'une de l'autre ; ce qui profite à l'une profite à l'autre, et ce qui épuise l'une épuise aussi l'autre. Je vais donc les confondre, sauf à les démêler plus tard, et la question n'est plus à débattre qu'entre l'État et la localité.

J'aborderai ce nouveau sujet avec franchise : l'opinion que j'exprimerai est celle d'un simple pionnier, donnant ses impressions, qui ne peuvent engager en rien l'administration dont il fait partie, et encore moins toute autre.

Il n'est pas possible qu'un département tel que celui-ci, un des plus pauvres et des moins peuplés de la France, dont

16

le sol cultivable arrive à peine au tiers de la superficie totale,
et ne suffirait pas à nourrir ses habitants, si ceux-ci étaient
moins endurcis aux privations, et s'ils n'abandonnaient pas
pendant une partie de l'année cette terre avare ; il n'est
pas possible, dis-je, qu'un tel pays soutienne à lui seul
la charge d'une telle entreprise. Vainement on lui prouve-
rait que son salut est attaché à ce sacrifice ; l'effort étant au-
dessus de ses forces, il ne pourra pas le faire.

Cette impuissance perce ici partout. — Chaque année,
les eaux arrachent quelques lambeaux de champ à de
malheureux paysans, qui voient engloutir leur dernier pain,
sans qu'ils puissent le sauver par un léger sacrifice. C'est
que ce sacrifice, si mince qu'il paraisse aux opulents de
nos villes, est pour eux une excessive dépense, qu'ils ne
peuvent pas faire, parce qu'ils n'ont rien, littéralement rien.
Ils ne trouveraient des secours qu'aux portes de l'usure,
cette autre plaie des pays pauvres. Mais j'aime autant les
voir à la merci du torrent, qui mettra plus de temps à les
ruiner, et n'a de prise que sur leur champ, jamais sur leur
personne.

L'étranger qui parcourt pour la première fois ces montagnes, et qui voit les torrents dévorer impunément héritages
sur héritages, ne manque jamais de s'indigner noblement
contre l'apathie des gens du pays : — ce qui est, à peu près,
tout aussi juste que s'il reprochait à des perclus de ne pas
se sauver devant un incendie. La race ici n'est ni indo-
lente, ni insoucieuse du péril : elle a toutes les qualités de la
montagne ; elle est dure à la peine, active, persévérante ;
sa sagacité est proverbiale. La bonne envie de se défendre

ne manque donc chez personne : mais ce qui manque chez presque tous, c'est l'argent nécessaire aux défenses.

Il est certain que si l'État n'était pas si souvent intéressé à la construction des digues, on en compterait fort peu dans le pays. — On admire quelques grands travaux le long de la Durance ; mais ils ont été exécutés en grande partie avant la révolution, aux frais des *États du Dauphiné*, qui contribuaient avec largesse à ces sortes de dépenses. — Qu'est-ce qui empêche de multiplier ici les chemins vicinaux et les **routes** départementales ? C'est la pauvreté du pays. — Qu'est-ce qui empêche de creuser d'utiles canaux d'arrosage, et de conquérir les délaissés de la Durance et du Buëch ? C'est encore la pauvreté du pays. — C'est aussi cette triste raison qui le pousse à abuser de ses dernières ressources, et, par là, le précipite vers sa perte, comme l'exemple du Dévoluy le fait trop bien voir.

Ce même motif s'opposera aussi à ce que le pays exécute seul à ses frais les travaux de reboisement. Sans qu'il y coopère de sa bourse, il en payera sa part assez largement, par tous les sacrifices qu'il sera forcé de subir. Les habitants ne seront-ils pas contraints de diminuer le nombre de leurs moutons, et de livrer une partie de leurs pâturages au régime forestier ? Leurs cultures ne seront-elles pas troublées par des sujétions nouvelles ? — Toutes ces charges, pour n'être pas au-dessus de leurs forces, n'en sont pas moins réelles ; et le poids leur en paraîtra d'autant plus lourd, qu'il n'est allégé par aucune jouissance immédiate. En les acceptant, ils auront fait tout ce qu'ils pouvaient faire ; il ne faut rien leur demander de plus. — Si l'on veut dès lors que ces travaux se fassent, il faut puiser ailleurs de quoi subvenir à la dépense; sinon, qu'on se résigne à voir le département, abandonné à lui-même, tomber de ruine en ruine jusqu'au dernier terme de la misère et de la dépopulation.

Je m'arrête sur ce point. Je crains que beaucoup de personnes, qui liront ces pages, et qui verront la ruine du pays, remise à tout instant sous leurs yeux, comme l'infaillible conséquence de l'état actuel des choses, ne s'avisent de considérer cette menace comme très-exagérée. — C'est là une impression que je ne puis m'empêcher de combattre, car elle fermerait l'esprit à tout ce qu'on pourrait proposer.

Sans doute, au premier abord, il doit sembler étrange qu'une calamité aussi générale que celle que j'ai décrite, portant avec elle de si funestes conséquences, soit demeurée à peu près ignorée au dehors, et comme ensevelie dans le pays même sur lequel elle pèse. — C'est que nous jugeons trop volontiers les choses par l'éclat avec lequel elles se produisent, ou, pour me servir d'un terme consacré, par leur *retentissement*. Mais c'est là une fausse mesure.

Il y a de certains départements où la plus petite incommodité soulève aussitôt un concert de clameurs. La plainte est formée : la presse locale s'en empare; elle la gonfle, la lance au dehors, et telle niaiserie, colportée avec pompe, va réveiller par toute la France l'attention publique. L'administration elle-même, les yeux tendus sans relâche vers ces pays de difficile humeur, s'y montre plus libérale et plus empressée.

Il est d'autres contrées, au contraire, retirées à l'écart, qui n'ont pas de presse ni de prôneurs, et dont personne ne prend souci, parce que, vivant en quelque sorte sur elles-mêmes, elles n'occupent personne de leurs affaires. — Telles sont les Hautes-Alpes. Relégué à l'extrémité du royaume, au milieu de monts sauvages rarement explorés par les voyageurs, ce département est peut-être le plus ignoré de la France. En vain la nature y a étalé d'une main prodigue ces magnifiques scènes, que nos touristes vont chercher à grands frais dans les pays voisins. Il n'est guère connu au dehors que par les fonctionnaires de nos diverses administrations ; et la plupart n'y séjournent que le moins qu'ils peuvent, pressés de secouer contre lui la poussière de leurs sandales.

Tout se passe donc ici dans l'ombre, et comme en famille. Les rares plaintes qu'on y entend ne vont jamais plus loin que les cols qui le séparent du reste de la France. Et si l'on demande comment une population, qui voit chaque jour son territoire tomber en lambeaux, peut se résigner de la sorte sans jeter de hauts cris, je répondrai par un seul mot : *l'habitude.* Le montagnard s'est accoutumé aux torrents, comme aux avalanches, aux tourmentes, aux précipices, et aux autres accidents attachés au sol de son pays. Il se débat contre le fléau du mieux qu'il peut, le tenant pour une loi fatale dont il n'a pas l'espoir de s'affranchir.

Voilà pourquoi les étrangers, qui portent ici le souvenir et la comparaison d'autres pays, ont toujours paru plus vivement frappés que les habitants eux-mêmes par l'énormité du mal. Le peu de mots écrits sur ce sujet sont partis de personnes étrangères au pays. Interrogez tous ceux qui ont parcouru les Hautes-Alpes : chacun d'eux vous parlera d'abord des torrents : c'est l'impression profonde qu'ils ont rapportée de la vue des lieux. Écoutez ensuite tous ceux qui, ayant examiné la plaie avec plus de loisir, ont pénétré plus avant dans sa connaissance ; tous sont unanimes sur ses conséquences. — Qu'on lise les mémoires que j'ai cités dans le courant de cette étude. Qu'on lise les rapports faits depuis trente ans par les préfets et par tous les administrateurs qui ont eu à méditer sur ce sujet. Tous déposent du même fait ; pas un ne contredit l'autre sur la gravité du danger. Quoi ! des préfets, des ingénieurs, des agents forestiers, tous partis de points différents, écrivant à différentes époques, dans des vues diverses et sous diverses inspirations, se rencontrent tous dans la même conclusion ; et celle-ci serait outrée, ce qui veut dire, à moitié fausse ?...

J'ose à peine citer mon propre travail. Je demanderai, toutefois, si, de la description détaillée des faits, de ce grand nombre de citations de lieux, de cet enchaînement de preuves, il ne résulte pas un caractère de vérité, qui doit éloigner tout reproche d'exagération? Quand même l'exemple du Dévoluy, et de plusieurs autres localités, ne nous montrerait pas la conclusion écrite en grosses lettres sur les ruines du sol, ne la voit-on pas sortir si naturellement du fond même des choses, qu'elle ne saurait être autre que je l'ai dit?

Cette dernière objection écartée, et la future ruine du pays étant ainsi démontrée comme un fait inévitable, on peut demander si l'État doit permettre qu'elle se consomme sous ses yeux, ou s'il doit l'empêcher au moyen de quelques

sacrifices? — Maintenant tous les faits sont débattus et étalés
au grand jour; tout est démontré, tout est connu, et la question est devenue claire comme la lumière. On sait que les
torrents ruineront le pays; on sait que le reboisement est le
seul moyen de prévenir cette ruine; on sait que ce remède
dépasse les forces d'une contrée épuisée. Cela posé, faut-il
que la contrée s'éteigne peu à peu, les choses continuant
d'aller comme elles vont? Ou bien faut-il que le reste du
pays lui vienne en aide?

Je doute qu'il soit possible de trouver un seul homme,
assez dépourvu de sens commun, pour hésiter un instant,
en face d'une question ainsi posée. — Eh bien! de quelque
façon qu'on la retourne, elle se résumera toujours en ces
termes.

CHAPITRE XXXVIII.

DEVOIR MORAL DE L'ÉTAT.

Il y a donc ici un devoir à accomplir par l'État, et je le conclus tout d'abord de cette unique raison : — l'impuissance où est le département de se sauver lui-même.

Nous avons parfois d'étranges contradictions dans nos idées. Si par un accident de guerre, ce département nous était tout à coup ravi, la France entière se lèverait en armes pour le ressaisir et le défendre. — Mais c'est là justement ce qui arrive maintenant. Il nous est enlevé, en détail, tous les jours, sous nos yeux, par des ennemis naturels, sans qu'il puisse s'en défendre : et le pays tout entier, pour obéir à certaines maximes d'administration, consentirait tranquillement à le perdre!...

A quoi donc servirait-il d'avoir brisé l'ancienne division territoriale, et morcelé notre France en 86 départements, pour faire de ces petites fractions un seul tout plus homogène et plus compact, si cette belle unité ne devait aboutir qu'à emprisonner strictement chaque département dans le cercle de ses propres ressources? Le résultat d'une telle séquestration serait infailliblement de raffiner la prospérité des départements déjà florissants, tandis qu'elle enfoncerait plus avant dans la misère les départements pauvres, en les abandonnant à eux-mêmes. Pour ceux-ci, la nouvelle situation serait évidemment pire que l'ancienne, alors que les Hautes-Alpes fesaient corps avec le Dauphiné, les Basses-Alpes avec la Provence, la Lozère avec le Languedoc, le Cantal avec l'Auvergne, les Landes avec la Guienne et la Gascogne, etc. Alors chacun de ces pays déshérités était associé à une riche province, qui lui était d'autant plus secourable qu'elle était plus près de ses besoins, et participait plus directement à sa prospérité ou à son malaise.

Si vous voulez que chaque circonscription se suffise à elle-même, rien de mieux. Mais alors faites des circonscriptions telles qu'elles puissent se suffire ; faites-les assez étendues et assez riches pour puiser dans l'enceinte même de leurs périmètres de quoi compenser la pauvreté des uns par l'abondance des autres ; reconstituez l'ancienne situation, ou quelque chose de semblable. — Mais si vous ne le faites pas, consentez à ce que le trésor commun se substitue aux anciennes provinces, pour aider les fractions beaucoup trop pauvres, qui résultent de votre morcellement.

La première loi de toute société est de s'entr'aider. Le fort doit protection au faible, et le riche doit aider le pauvre. Ce précepte découle de la raison, non moins que du cœur ; il répond à l'intérêt bien entendu des sociétés, comme aux instincts les plus élevés de notre nature, et la charité sur ce point n'est que de la bonne économie politique.

— Que gagnerions-nous à laisser périr un département,

sur la foi de cette maxime de sauvages : « *Chacun pour soi ?* » — Nous aurions d'abord fait une mauvaise action, parce qu'un département, couvert de sa population, est un être vivant qui souffre avec son sol, et qu'il n'est pas permis de traiter comme une méchante terre, qu'un fermier laisse en friche, sitôt qu'elle ne rend pas tout ce qu'elle coûte. — Nous aurions ensuite appauvri la richesse publique de toute la valeur de ce pays, et surtout, de toute celle qu'il aurait pu prendre, si la patrie commune lui était venue en aide : outre que la société ne fait jamais impunément des pauvres, les misères qu'elle n'a pas su prévenir se retournant tôt ou tard contre elle.

La société fait encore un mauvais calcul, lorsque, pour épargner quelques deniers, elle laisse se former au milieu de son territoire un désert, quand il ne dépendrait que d'elle de le conquérir à la culture. Les dépenses ainsi faites n'ont qu'un temps ; les avantages qui en découlent sont immortels, car un sol, une fois livré à la végétation, ne laisse jamais plus échapper le bienfait. — Qui donc pense aujourd'hui à tout ce qu'ont pu coûter ces riches plaines, conquises sur les lits de la Durance, ou du Buëch ? Les sacrifices de la conquête sont depuis longtemps ensevelis dans l'oubli ; mais le bienfait subsiste, il est toujours présent, il se renouvelle à chaque récolte, et les générations les plus reculées le goûteront aussi pleinement que celle d'aujourd'hui.

Il faut bien que toutes ces raisons ne soient pas complétement dénuées de solidité, puisque le trésor public s'est ouvert maintes fois à des dépenses d'intérêt purement local, et jusqu'à des sommes plus considérables que celles dont il est ici question.

N'est-il pas vrai, par exemple, que le budget de plusieurs millions, que les Chambres ont voté, il y a quelques années, pour les travaux publics de la Corse, ne s'applique guère qu'à un intérêt local ?.... Les routes que ces fonds sont destinés à créer, ne diffèrent pas des communications départementales, que l'État laisse ordinairement à la charge des centimes additionnels. — Si les Chambres ont imputé ces dépenses au trésor, c'est qu'elles ont vu ce département trop pauvre pour se relever par ses seules forces, jusqu'au niveau des autres parties de la France. Elles lui ont tendu la main, sachant qu'il faut souvent soutenir un pays dans ses commencements difficiles, afin qu'il puisse devenir un jour tout ce qu'il est capable d'être.

Mais un autre exemple, qui a la plus grande analogie avec mon sujet, et sur lequel j'insiste tout particulièrement, est la plantation des dunes dans les Landes.

Là, les routes, les habitations, les cultures étaient englouties par des montagnes de sable mouvant, comme elles le sont dans les Alpes par les déjections des torrents. On y citait aussi des villages entiers, condamnés à périr, et dont la ruine pouvait même être calculée avec précision, tant le fléau marchait d'un pas réglé !

La cause était identique à celle qui engendre ici les torrents : c'était l'incohésion, l'instabilité du sol. — Seulement, le vent jouait là-bas le rôle que jouent ici les eaux. Il emportait les sables et les répandait sur les cultures, de la même manière que les torrents emportent ici les terres friables des montagnes, et les vomissent dans les plaines. — Abandonné à lui-même, le département des Landes aurait vu son littoral se transformer insensiblement en un long désert de sable, entrecoupé de marais perfides, et qui, s'étendant de l'Adour à la Garonne, et marchant vers l'intérieur des terres, menaçait de tout envahir jusqu'aux portes de Bordeaux.

Lorsqu'on s'occupa des moyens à opposer au fléau, on dut naturellement penser au boisement : quoi de plus propre à retenir ces collines errantes ? Et celles-ci une fois fixées, le mal n'était-il pas extirpé dans sa racine ? — Il existait des portions de dunes où les pins avaient pris pied par quelque hasard heureux, et là, le mouvement des sables s'était arrêté. On citait aussi les dunes de la Teste, ainsi fixées par une vaste forêt de pins; et quand un incendie eut dévoré le milieu de ces bois, les sables se mirent à marcher dans la partie brûlée, tandis que les parties épargnées par le feu demeuraient stables.

De tous ces faits, on pouvait conclure : premièrement, qu'il était possible de boiser les dunes; secondement, que le boisement fixerait les sables. — N'est-ce pas exactement l'histoire de nos Alpes ? — Quoi de surprenant, d'ailleurs, que les causes semblables produisent des effets semblables, et soient combattues par de semblables moyens?

Lorsqu'en 1780, l'ingénieur des ponts et chaussées Bremontier, après avoir attaqué le phénomène de la marche des dunes par sa face scientifique, vint à proposer un projet régulier de plantations, comme l'unique défense qui pût lui être opposée avec succès, on ne manqua pas de se récrier d'abord sur l'impossibilité d'appliquer son système.

C'est le malheur de certains esprits, trop positifs, de ne pouvoir rien voir ni rien croire, au delà de ce qui existe déjà tout fait autour d'eux. Tout leur est rêve ou utopie, sauf la réalité présente et palpable : comme si la raison ne nous permettait pas de prévoir et d'affirmer avec une certitude complète certains faits absents, par la liaison logique qu'ils soutiennent avec d'autres faits déjà connus !

Les premiers essais ne furent donc entrepris qu'en 1787, puis abandonnés en 1793, à cause des difficultés suscitées par les habitants du pays. — En 1806, les travaux étaient repris sur une échelle plus large, et au compte de l'État. — Bientôt l'expérience, modifiant les procédés indiqués d'abord par Bremontier, en fit découvrir de nouveaux, plus sûrs et plus économiques que les premiers. Aujourd'hui, l'administration, éclairée par un demi-siècle de tâtonnements, maîtresse enfin de son sujet, a organisé dans les Landes un ensemble de travaux, dont l'admirable réussite peut se passer de toutes phrases.

L'analogie n'est-elle pas frappante, entre les travaux accomplis dans les Landes, et ceux qu'il conviendrait d'ouvrir dans les Alpes ? De part et d'autre, n'est-ce pas la même cause, et le même remède, et les mêmes dangers pour la contrée, et le même devoir pour l'État ? Si l'État pratique à ses frais les premiers travaux, pourquoi refuserait-il de se charger des seconds ?

Serait-ce qu'ils sont plus ardus et d'un succès moins certain ? — Mais loin de là, l'exécution en est incontestablement plus facile, et la réussite des premiers démontre, *à fortiori*, le succès probable des seconds. Qui donc oserait mettre en parallèle ces deux choses : — d'une part, la mobilité de ces sables arides, que le moindre souffle disperse dans les airs, et qui ont formé des déserts sur tous les points

du globe où les révolutions géologiques ont pu les déposer;
— d'autre part, les difficultés que peuvent offrir au reboisement des revers calcaires, qui étaient, il y a peu de siècles,
chargés d'épaisses forêts, où il n'y a, pour ainsi dire, qu'à
refaire le passé, et dont le sol est tellement propice aux
arbres, que ceux-ci, dans la plupart des cas, y apparaissent
spontanément par milliers, dès qu'on a écarté les causes de
perturbation venant du fait de l'homme?...

Serait-ce que les travaux des Alpes auraient moins d'importance que ceux des Landes? Mais des deux côtés, il s'agit
de prévenir la ruine d'une contrée, de sauver les habitations
et les cultures, de donner de la valeur à des terrains
improductifs... Où donc est la différence?

Cette différence, je vais la dire sans détour : c'est que le
danger des dunes est depuis longtemps étalé au grand jour,
tandis que les désastres des torrents sont restés à peu près
inconnus, hors du champ dont ils consomment la ruine.
C'est que l'habitant des Alpes, perdu dans ses obscures
vallées, s'est courbé sous la main du fléau, en homme qui
n'espère ni ne réclame aucun secours, tandis que les dunes,
s'avançant près des portes de Bordeaux, menaçaient une
ville puissante, qui, de tout temps, a su bien parler et
bien agir; et si elle a obtenu l'intervention de l'État, c'est
qu'elle a fait tout ce qu'il fallait pour l'obtenir.

On voit, par ces seuls faits, que je ne propose rien de
nouveau, ni d'insolite, rien qui ne soit dûment légitimé
par des exemples antérieurs. — Les Hautes-Alpes ne sont
pas en état de reboiser à leurs frais leurs montagnes, pas
plus que la Corse n'aurait été en état de solder les 5 millions

de routes qu'on lui perce dans ce moment; pas plus que les Landes n'auraient pu, à elles seules, reboiser leurs dunes. C'est donc au gouvernement à faire pour les Hautes-Alpes ce qu'il a fait pour la Corse, pour les Landes, et pour tant d'autres localités encore; car il s'agit de travaux qui ne cèdent en rien aux autres, sous le rapport de l'utilité; je ne veux pas même dire qu'ils les surpassent.

Mais je vais plus loin. — Je dis que l'État lui-même est intéressé directement à faire cette dépense, à cause de ses routes, à cause de ses rivières, à cause de ses forêts qui s'en vont, et qu'il a besoin de reconstituer quelque part. — C'est là un autre ordre d'idées que je vais développer (1).

---

(1) Les deux lois de 1860 et de 1864 ont pleinement consacré le principe débattu dans ce chapitre, et dans le suivant.

L'État prend à sa charge la dépense des travaux, quand il les exécute lui-même, (et il s'en réserve toujours le droit, en cas de refus). Il intervient encore, sous forme de subvention, quand les communes ou les propriétaires consentent à reboiser eux-mêmes.

A la vérité, le propriétaire exproprié peut obtenir sa réintégration, soit en remboursant à l'État l'indemnité d'expropriation, ainsi que la dépense des travaux, soit en lui abandonnant la moitié de sa propriété, en échange de la valeur des travaux. — Des dispositions analogues sont prévues pour les communes.

Il en résulte que l'État peut récupérer une partie de ses dépenses, et qu'il ne fait, en certains cas, qu'une avance de fonds. — Mais cela même est très-juste. L'État ne poursuit ici qu'une chose : l'accomplissement d'une œuvre d'utilité publique. Quand ce but est atteint, il n'a plus rien à chercher, ni à retenir au delà : et il est prêt à restituer aux propriétaires, quels qu'ils soient, particuliers ou communes, leurs fonds améliorés, pourvu qu'ils lui remboursent les dépenses qu'il a faites, parce que son intervention a été déterminée, non par un intérêt fiscal, mais par un grand intérêt public.

CHAPITRE XXXIX.

INTÉRÊT DE L'ÉTAT DANS CES TRAVAUX.

On a vu les routes coupées ici par un grand nombre de torrents qui les traversent à ciel ouvert, et suspendent les communications toutes les fois qu'ils sont grossis par une crue. — Chaque année, pour satisfaire aux plus justes exigences, l'administration est forcée d'accroître ici le budget affecté aux routes, et celui-ci est absorbé presque exclusivement par les traversées des torrents ; car ces passages sont, sans contredit, les plus mauvais de tous, et leur rectification est toujours très-coûteuse.

La route royale n° 85, qui va de Grenoble à Marseille par Gap, étant plus fréquentée que les autres, a dû, par cette raison, recevoir le plus d'améliorations. On peut voir là plusieurs défenses assez complètes, faites dans le but d'assurer la traversée des torrents. — L'un de ces passages, celui du torrent de *Déoul*, n'a pas coûté moins de 120,000 francs. Pourtant ce *Déoul* n'est encore qu'un torrent fort modeste à côté de ceux qui désolent le pays d'Embrun, et qui coupent à tous les pas la route royale n° 94. — A Chorges, l'endiguement du torrent, utile à la fois, et à la route, et aux habitants, a coûté au delà de 100,000 francs.

On n'a qu'à se reporter à la deuxième partie de cette étude, et se ressouvenir quelle longue série de travaux est nécessaire pour assurer la traversée des torrents : la rectification indispensable pour amener préalablement la route au point de passage le plus favorable; l'endiguement du torrent sur de grandes longueurs; la construction coûteuse des ponts, etc. — On jugera bien par là à quelles grosses sommes doivent toujours aboutir les détails estimatifs de semblables projets.

Mais ce qui rend ces chiffres plus accablants encore, outre le grand nombre de torrents auxquels on sera forcé de les appliquer, c'est qu'ils n'expriment, dans la plupart des cas, que des résultats provisoires; c'est qu'il faudra les enfler encore dans l'avenir, et les enfler indéfiniment, ou, du moins, jusqu'à cette limite où le torrent aura cessé pour toujours d'exhausser son lit! Je viens de citer les 100,000 francs dépensés à Chorges : à quoi ont-ils servi?... Mais il y a plus encore. A mesure que des torrents nouveaux se formeront, les mêmes chiffres devront leur être appliqués... Dès lors, je ne vois plus où pourront s'arrêter les dépenses.

Qu'on veuille bien réfléchir à toutes ces considérations. Ce ne sont plus des raisons de convenance, que certains esprits peuvent accueillir, comme d'autres peuvent les repousser, suivant le tour plus ou moins généreux de leurs idées; c'est un strict calcul d'économie. — Chaque année, les ingénieurs des ponts et chaussées proposent ici quelque projet nouveau, dans le but de rectifier les traversées des torrents. Chaque année, des fonds sont alloués, et l'on compte quelques nouveaux torrents assujettis à passer sous des ponts. De la sorte, en courant toujours au plus pressé, l'État s'engage peu à peu dans des dépenses très-considérables, dont on ne voit pas la fin, et dont les fruits sont remis chaque jour en question. Alors on peut se demander si l'État, qui engloutit de si grosses sommes dans des travaux impuissants, n'agirait pas dans son intérêt le mieux entendu en détournant quelques deniers au profit d'autres travaux, qui assureraient le succès des premiers? L'économie semble d'autant plus manifeste, qu'une très-petite somme, affectée aux reboisements, diminuerait dans une forte proportion la dépense des ouvrages d'art, et qu'ainsi ce n'est pas seulement une petite dépense qui s'ajoute à une grande pour la rendre efficace, mais c'est un procédé moins coûteux et de réussite certaine, qui se substitue à un procédé imparfait et beaucoup plus cher.

On voit que la question change ici de terrain : il ne s'agit plus de l'intérêt du département; il s'agit de l'intérêt le plus direct du trésor. — Je suppose qu'on ait formé le projet de rectifier du même coup tous les passages de torrents. Deux solutions sont en présence : le système exclusif des digues, très-dispendieux et remplissant mal son but; celui de l'*extinction*, plus économique, et le remplissant d'une manière complète. Que si l'on persistait à donner la préférence au premier système, si l'on s'obstinait à payer des maçonneries qui demain seront détruites, tandis qu'on repousserait les plantations dont les effets sont éternellement assurés, ne serait-ce pas, tranchons le mot, s'entêter dans une absurdité (1) ?

On répondra à cela que jamais l'État ne s'avisera de rectifier toutes les traversées des torrents. Mais je crois pouvoir dire, non pas qu'il s'en avisera, mais qu'il y sera contraint par le progrès naturel des choses. Chaque fois qu'un de ces passages aura été amélioré, l'incommodité de ceux qui ne le sont pas encore ressortira plus vivement. Nous ne jugeons de toutes choses que par comparaison : tel petit torrent, à travers lequel nos voitures cheminent aujourd'hui fort patiemment, prendra dans quelques années la forme d'un insupportable casse-cou, dès que les monstrueux torrents, à côté desquels il disparaît maintenant, auront été rectifiés.

----

(1) L'expérience a pleinement confirmé la valeur de l'argument développé dans ces lignes.

Depuis l'application de la loi du 28 juillet 1860, plusieurs traversées de torrents dans les Hautes-Alpes se sont améliorées comme d'elles-mêmes, et presque sans frais.

Un projet avait été étudié en 1865 pour défendre la route impériale n° 94, contre le torrent de *Pals*. — « Depuis cette époque, dit « M. Gentil, le bassin de réception a été régénéré et consolidé; le « torrent s'est éteint, et un simple aqueduc de 1,000 fr. a suffi pour le « contenir. »

M. Gentil cite aussi le torrent de *Riombourdoux*, dont le bassin de réception est dans les mains de l'Administration forestière. — « Le « régime de ce torrent s'est modifié : on a pu, sans dépenses excessives, « fixer définitement le lit sur le cône et construire un pont, les « eaux n'amenant plus de matières de la montagne. »

Ce fait se reproduira infailliblement sur tous les torrents dont on aura effectué l'extinction, et l'État aura obtenu finalement de bonnes routes, presque sans autres frais que ceux qui lui auront servi à créer dans le haut de nouvelles richesses forestières, tout en assurant dans le bas l'existence des cultures.

— N'est-ce pas là ce qui est arrivé partout? Ne sommes-nous pas rendus de jour en jour plus difficiles, en matière de communications, par l'exemple de ce que nous voyons faire aux peuples voisins, et par la vue des perfectionnements que nous avons accomplis nous-mêmes? Nos ingénieurs ne sont-ils pas occupés sans relâche à rectifier des rampes et de magnifiques alignements, que nos pères, il n'y a pas soixante ans, avaient édifiés avec un grand contentement d'eux-mêmes?

Qui nous dit aussi que les barrières, que la politique sarde élève aujourd'hui entre la France et le Piémont, ne tomberont pas un jour? Alors le mont Genèvre devient, comme au temps de la domination romaine, l'une des portes de l'Italie, et toutes ces routes, aujourd'hui ignorées, prennent de l'importance. Il suffit, pour cela, de quelque variation dans la politique, ce qui n'est pas, je pense, chose bien rare ni bien improbable dans le temps où nous vivons.

Je pourrais maintenant, en restant dans le même cercle de motifs, faire voir qu'indépendamment de l'amélioration de ses routes, l'État récolterait d'autres avantages.

Premièrement, les forêts, une fois créées et mises en coupe, seraient la source d'un bon revenu, qui pourrait être partagé entre les communes qui ont fourni le sol, et l'État qui a, en quelque sorte, fait les avances de fonds : ce qui ferait rentrer le trésor public dans une partie de ses dépenses, et pourrait même le défrayer totalement. — Ce point de vue est si peu à négliger, qu'il a servi de base au travail de M. Dugied. Les choses y sont ainsi disposées, que l'État, au bout d'un certain nombre d'années, rentre clairement dans tous ses déboursés (1).

Je ne parlerai pas de l'action générale que pourrait exercer sur toutes les régions d'alentour une grande masse de forêts, jetée sur le dos de ces montagnes : je crains les nébulosités de la question climatérique, qui ont, à mon avis, desservi la cause des forêts, loin de la fortifier. — Mais une influence, bien mieux démontrée, est celle que la même opération exercerait sur les rivières qui prennent leurs sources dans ces montagnes.

Si la régénération d'un simple bassin de réception suffit pour éteindre un torrent, la régénération de l'ensemble de tous les bassins doit produire un effet analogue dans les rivières qui y ont leurs sources. Comment pourrait-il en être autrement ? Qu'est-ce que le bassin d'une grande rivière ou d'un fleuve, sinon la totalité, ou, pour mieux dire en langage mathématique, l'intégrale des bassins de tous ses affluents ? Et quel peut être sur un fleuve l'effet du reboisement pratiqué dans toute l'étendue de son bassin, sinon l'intégrale des effets produits sur chacun de ses affluents par le reboisement de chaque bassin en particulier ? — Ainsi, le même procédé qui est capable d'apaiser la violence d'un torrent doit inévitablement, sur une plus grande échelle, apaiser celle des plus grands cours d'eau; un fleuve doit, par le reboisement de son bassin, arriver au

---

(1) La disposition indiquée ici est analogue à celle prévue par l'art. 9 de la loi de 1860, qui dispose « que les communes peuvent s'exonérer « de toute répétition de l'État, à raison des dépenses engagées par le « trésor public, en abandonnant *la moitié* des terrains reboisés. »

maximum de régularité qu'il est capable d'atteindre. Cela
ne veut pas dire qu'il n'aura plus alors ni d'inondations, ni
d'étiages; mais il en aura beaucoup moins, avec de moindres
écarts dans les hauteurs d'eau, et avec des arrivées moins
brusques et plus continues.

Je crois donc que toutes les personnes qui ont réfléchi
sur ces matières seront de mon avis, quand je dirai que
l'effet des reboisements, s'ils étaient étendus à plusieurs
départements, se ferait immédiatement ressentir par l'amélioration du régime des eaux courantes, dans une grande
partie du bassin du Rhône. La navigation et le flottage
seraient rendus plus faciles, les divagations plus rares, les
crues moins désastreuses. Le bienfait s'étendrait à la fois
sur le commerce et sur l'agriculture, et dans une sphère
qui irait bien au delà de l'enceinte même où se feraient les
travaux.— On ne comprendrait plus, devant un intérêt devenu aussi général, que de pauvres localités supportassent
seules les frais d'une opération qui rayonnera si loin, et
profitera à tant d'intérêts divers.

Du reste, le lecteur peut voir dans la note 13, à la suite
de ce mémoire, quelle est, au sujet des reboisements à
effectuer sur une grande échelle, aux frais du trésor, l'opinion de M. Michel Chevalier, dont personne ne contestera
l'autorité, dans un sujet qui touche aux intérêts matériels
du pays.

Il ne me reste plus maintenant qu'à montrer le grand et
sérieux intérêt que notre pays tout entier, et, par conséquent,

l'État qui le représente, peuvent avoir à créer de nouvelles forêts, en remplacement de toutes celles qu'on n'a cessé d'abattre depuis des siècles. C'est le point de vue le plus général de notre étude, et c'est par là que je la terminerai.

CHAPITRE XL.

—

CONCLUSION.

Il serait facile de tracer un tableau séduisant, en rassemblant les bienfaits sans nombre qui découleraient de tous ces travaux.

On peindrait le département retiré comme du sépulcre, sa face entièrement renouvelée, et la prospérité succédant partout à la désolation et aux ruines ; ces affreux lits de déjection cachés sous les ondes des moissons, et des bois majestueux suspendus à ces revers aujourd'hui croulants et décharnés. — On montrerait ces montagnes divisées en trois zones, échelonnées l'une au-dessus de l'autre à diverses hauteurs, et dont les produits variés seraient pour le pays une triple source de richesses. La zone inférieure, comprenant les vallées et les croupes les plus basses des montagnes, serait exclusivement réservée aux cultures. Plus haut, où les pentes commencent à devenir rapides, le sol ingrat, le ciel froid, se déroulerait une ceinture d'épaisses forêts, qui suivrait les ondulations de la chaîne en s'élevant jusqu'aux crêtes. Là, enfin, commenceraient les prairies pastorales, les plateaux ondulés, tapissés de pelouses, où se presseraient

de nombreux troupeaux, devenus pour la première fois inoffensifs. Les forêts, jetées ainsi sur les parties les plus mobiles des montagnes, entre les cultures du fond et les roches
menaçantes du sommet, serviraient de boulevard aux vallées, et les défendraient contre l'écroulement des parties supérieures. Les habitants jouiraient à la fois du bénéfice des
champs cultivés, des forêts et des troupeaux. Chacun de ces
produits, sagement resserré dans la région qui lui convient,
laisserait un libre champ au produit voisin ; les troupeaux ne
nuiraient plus aux cultures, ni les cultures aux forêts ; et le
territoire, utilisé ainsi dans toutes ses parties, rendrait tout
ce qu'il est capable de rendre.

Sans parler du changement heureux que ces nouvelles
forêts pourront introduire dans le climat, ne peut-on pas
compter, avec beaucoup de raison, sur l'apparition d'un
grand nombre de sources que la chute des bois a fait tarir,
et que leur résurrection ramènera vraisemblablement au
jour? Ces eaux répandraient autour d'elles la fécondité et la
fraîcheur; tandis que les torrents, devenus tranquilles, fourniraient à l'agriculture d'abondants arrosages, et, à l'industrie, des forces motrices, qu'on s'étonnera un jour d'avoir
laissé se perdre pendant si longtemps, sans aucune utilité
pour la société.

La destruction des torrents et des ravins, et la stabilité
générale des terrains, permettraient d'ouvrir à peu de frais
de bonnes communications vicinales. Ces chemins, à présent
dispendieux et constamment dégradés, porteraient la vie
jusque dans les derniers recoins de ces montagnes, et faci-
literaient l'exploitation des terres, que l'incommodité des

communications rend souvent fort difficile, et quelquefois impraticable.

Alors aussi, rien n'empêcherait de multiplier à peu de frais les canaux d'irrigation. Aujourd'hui, on n'aborde ces excellents ouvrages qu'en tremblant, à cause des difficultés, parfois insurmontables, que présentent les passages des torrents. Les orages, en emportant les terres, coupent le canal; les revers friables, auxquels il est suspendu, laissent filtrer ses eaux, et le mettent à sec; les éboulements le comblent. Toutes ces difficultés dans la construction, dans le curage, dans l'entretien, sont telles, qu'elles ont souvent fait reculer devant l'exécution des canaux les plus utiles. Du jour où elles seraient enlevées, ces précieux ouvrages pourraient être aisément répandus dans toutes les parties du territoire.

Des communications faciles, jointes à la présence des forêts, des cours d'eaux et des richesses minérales enfouies dans les entrailles de ces montagnes, y attireraient l'industrie qui, jusqu'à ce jour, n'est pas encore parvenue à s'y fixer. Elle occuperait les bras pendant l'hiver, et retiendrait la population, qui déserte généralement le pays à cette époque. D'un autre côté, l'augmentation des produits du sol, en repandant ici plus d'aisance, dispenserait les habitants de chercher ailleurs de quoi vivre. — Ainsi tomberait cette triste coutume de l'émigration, qui disperse les familles loin de leurs foyers domestiques, et les condamne à une vie errante et solitaire.

L'État, dans cette transformation, aura vu ses routes s'améliorer, leur entretien devenir plus facile, leurs rectifications moins coûteuses. Il y aura gagné une plus grande superficie de terrains imposables, et de belles forêts a proximité de ses ports ; enfin son trésor récoltera cet accroissement de recettes, qui vient toujours à la suite du bien-être et de l'augmentation numérique des populations.

Mais considérons les choses de plus haut, et sans nous arrêter davantage aux profits que retirerait de ces travaux la localité ou le trésor public, recherchons quel sera le résultat de cette grande création de forêts, en embrassant la société dans ses intérêts les plus généraux.

Il y a longtemps que tous les hommes, chez qui la préoccupation du présent n'a pas étouffé tout souci de l'avenir, sont alarmés de la rapide diminution des bois sur tous les points de l'Europe. — C'est en France surtout que la dévastation paraît s'accélérer. Vainement plusieurs voix se sont élevées pour y mettre un terme, en prophétisant que nous péririons faute de bois. Rien n'a arrêté la marche des choses : on la dirait commandée par une loi irrésistible. Les forêts s'en vont, et l'État lui-même, loin de tenir tête au torrent, s'y laisse entraîner, en aliénant de temps à autre des superficies considérables de ses bois.

Cette disparition graduelle des forêts, en dépit de tous les efforts qu'on a tenté pour les retenir, peut s'expliquer très-simplement, ce me semble par un seul fait : — c'est que les forêts ont généralement moins de valeur que les terres cultivées. — Les besoins de la société vont toujours grandissant ; les populations s'amoncellent et s'évertuent de plus en plus à tirer parti du sol qui doit nourrir cette masse croissante de consommateurs. Chacun veut avoir son champ au soleil, dans notre France surtout ; où le peuple a, peut-être plus que partout ailleurs, l'amour de la terre, et une répugnance secrète pour le triste travail des fabriques. De là vient que les propriétés tendent sans cesse à se morceler, et que chaque lopin de terre est tourmenté pour produire le plus possible. — Dès lors, il est difficile que les forêts ne soient pas remplacées insensiblement par des cultures, puisqu'à surface égale, le revenu d'une forêt est presque partout inférieur à celui d'une bonne terre labourée. D'un autre côté, les forêts, ne se prêtant pas au morcellement, sont, pour le propriétaire qui veut les vendre, dans des conditions moins avantageuses que le serait une superficie équivalente de champ labourable ; il est donc de son intérêt de les abattre, et de vendre en détail le sol à une foule de petits cultivateurs.

A cette cause radicale, vous pouvez ajouter plusieurs causes accessoires : le maraudage des paysans qui ruine les bois et les fait périr sourdement ; les abus de jouissances des communes ; la lenteur avec laquelle croissent les forêts, et la facilité avec laquelle la hache ou l'incendie peuvent les détruire ; les accidents de fortune qui forcent quelquefois un propriétaire, pour sortir de détresse, à ruiner tout d'un coup ses bois par des coupes déréglées, etc., etc. Comment les forêts résisteraient-elles à tant de causes conjurées contre elles ? Tout conspire à les effacer du sol. L'intérêt particulier trouve du profit à les détruire, et l'intérêt général, en commandant de les conserver, n'oppose que des inconvénients vagues et éloignés aux raisons pressantes qui expliquent leur disparition, et même qui la justifient dans beaucoup de cas.

Je m'arrête sur ce dernier point, où quelque chose n'a

pas encore été assez nettement démêle. Il n'est pas vrai que la destruction d'une forêt soit *toujours* et *partout* une opération pernicieuse à l'intérêt public. Si elle lui est contraire en certains cas, elle ne l'est pas dans d'autres, et c'est faute d'avoir bien posé ces distinctions que la question s'est perdue dans des généralités contradictoires, et qu'on se trouve aujourd'hui malhabile à faire face aux abus.

Dans les pays peu accidentés, dans les plaines et les grandes vallées, en même temps que les forêts s'appauvrissent, les moyens de transport deviennent de plus en plus rapides, commodes et économiques : ce qui permet de chercher le bois à des distances de plus en plus lointaines, sans en restreindre la consommation, et sans que le prix en soit notablement augmenté. Ces pays finissent ainsi par tirer des contrées voisines le bois qu'elles ne produisent plus elles-mêmes. — Ajoutons que dans les plaines, la même facilité générale des communications permet d'y porter la houille et d'autres combustibles minéraux, qui peuvent suppléer au bois de chauffage.

Mais cet emprunt, considéré au point de vue économique, est loin d'être regrettable. Le territoire des plaines est généralement fertile, et partout où le sol peut porter de productives récoltes, il serait absurde d'y planter des arbres qui sont d'un moindre rapport. Les arbres viennent à peu près partout : les cultures, au contraire, ne prospèrent que sur une terre féconde. Là donc où le sol est fécond, les cultures sont dans leur site naturel. — Le rôle des communications est justement de faciliter l'échange des productions, de manière à permettre à chaque contrée de donner le plus d'extension possible aux produits qui conviennent, en lui fournissant ceux qui lui manquent et en la dispensant de les tirer de son propre sein.

Disons donc qu'une plaine, toutes les fois que son territoire sera fertile, ou toutes les fois que ses communications à l'aide des canaux, ou des chemins de fer, ou des rivières, ou des voies maritimes, ou même des routes ordinaires, lui amèneront des bois à un prix inférieur à celui que coûterait le bois venu sur place, eu égard au prix moyen des terres et à leur rendement ; disons qu'elle fait bien de s'approvisionner au dehors, et qu'elle aurait grand tort de diminuer la valeur de son territoire, en le recouvrant par des forêts. — Non-seulement dans une pareille plaine, le reboisement serait une œuvre de déraison, mais le défrichement même des forêts sur pied se présente comme une opération éminemment utile à l'intérêt commun, puisqu'elle substitue une production avantageuse à une autre qui l'est moins, sans que, d'ailleurs, la contrée souffre de la privation du produit qui lui est enlevé.

Il existe de vastes contrées, admirablement fertiles, parfaitement cultivées, et qui, étant complétement dénuées de forêts, ne paraissent pourtant pas se ressentir péniblement de leur absence. — Telle est, entre autres, la Hollande. Tandis qu'elle exploite son sol, en le couvrant de jardins et de pâturages, le Rhin lui apporte le bois des Vosges, et ses navires vont, au delà des mers, dépouiller à son usage les forêts scandinaves.

Mais quittons pour un instant les plaines, et pénétrons dans l'intérieur des montagnes : nous voilà transportés tout à coup au milieu d'une nature nouvelle et de conditions toutes différentes.

Ici, plus de rapides communications, plus de ports de mer, plus de larges rivières navigables. Si nous y découvrons quelques routes faciles au roulage, nous les voyons ramper au fond des vallées principales, sans que leur action puisse se ramifier au loin, encaissées comme elles sont entre des montagnes, sur les parois desquelles la circulation est nécessairement pénible et très-circonscrite.—Il est donc nécessaire que les forêts croissent ici sur la place : car s'il fallait les exploiter au loin, et les faire remonter ensuite du fond des plaines vers les montagnes, le bois serait d'un prix inabordable à la plupart des consommateurs.

Non-seulement il faut que les montagnes contiennent dans leur enceinte assez de bois pour suffire aux besoins de leur population, mais il faut encore que cette masse suffisante de forêts soit ainsi distribuée dans toutes les parties du pays, que chaque village, chaque hameau, chaque habitation ait sous la main le pan de bois destiné à l'approvisionner. Sitôt en effet que la forêt s'éloigne, les difficultés du transport deviennent excessives ; la forêt n'étant plus à la portée des habitants, est comme si elle n'était pas, et la position n'est plus tenable. — C'est là ce qui arrive dans plusieurs communes de ce département, où l'éloignement progressif des bois amène insensiblement le décroissement de la population. Il suffirait, dans certains villages, qu'un incendie dévorât les habitations, pour contraindre la masse des indigènes à déserter son territoire, à cause de l'impossibilité où ils se trouveraient de construire de nouvelles demeures, faute de bois. Là, on peut dire que la population

ne tient plus au sol que par un mince fil, que l'accident le
plus ordinaire pourrait rompre d'un jour à l'autre.

Ailleurs, notamment à *Lagrave*, sur le versant du Lautaret, on voit les habitants réduits, pour se chauffer et pour
cuire leurs aliments, à faire brûler de la bouse de vaches,
préalablement pétrie en galettes et durcie au soleil. Cet
ignoble combustible infecte de son odeur leurs chaumières,
leurs vêtements, l'air qu'ils respirent, et jusqu'aux aliments
dont ils se nourrissent : l'atmosphère de la contrée en est
imprégnée. — La disette du combustible y est telle, que
chaque famille est forcée de cuire en une seule fois sa pro-
vision de pain de toute l'année. — Voilà à quelles extrémités arrivent ces malheureux montagnards , faute de
bois !...

Concluons : pour que les montagnes soient habitables,
il faut que les montagnes soient boisées, et l'anéantissement
total de leurs forêts entraînerait infailliblement la fuite de
la population.

Mais là ne s'arrête pas la différence des conditions.

Qu'une forêt disparaisse d'une plaine, elle fait place aux
cultures : c'est un produit du sol qui remplace un autre produit, et cette substitution, dans la plupart des cas, est même
profitable à l'intérêt public. — Abattez, au contraire, l'an-
tique forêt qui couvre les flancs d'une montagne : aussitôt
commence à se dérouler cette longue et funeste chaîne de
bouleversements, que je n'ai plus besoin de décrire.

Sans doute il arrive ici, comme dans les plaines, qu'on
abat chaque jour des bois, pour livrer le sol à la charrue ;

et les défricheurs ne se portent à cette destruction que par le profit qu'ils y trouvent. Mais qu'on ne s'avise pas de confondre ces profits éphémères, avec l'avantage durable et bien réel qui résulte de la même opération dans les plaines.

Les premières années qui suivent un défrichement sur une montagne, produisent d'excellentes récoltes, à cause de l'humus que la forêt laisse après elle. Mais ce précieux terreau, d'autant plus mobile qu'il est plus fécond, ne reste pas longtemps sur les pentes : quelques averses le dissipent; le fond stérile vient au jour, et disparait à son tour. L'imprudent propriétaire perd son héritage, pour avoir voulu en tirer plus qu'il ne pouvait produire. C'est le conte de la poule aux œufs d'or, trop souvent mis en pratique dans ces montagnes, en dépit des leçons mille fois répétées de l'expérience.

Ainsi le défrichement sur les terrains en pente est toujours suivi d'effets funestes, et la destruction des forêts, presque partout sans inconvénient dans les plaines, devient au contraire, dans les montagnes, la plus désastreuse des perturbations. Elle rompt l'équilibre des terres, et ressuscite les désordres de l'ancien chaos. Après avoir ravi à l'habitant l'usage des forêts, elle lui arrache jusqu'au sol même qui le nourrit, le chassant ainsi par la faim, s'il parvenait, à force d'habitude, à se résigner à la privation du bois.

Si donc, il est indispensable de proscrire quelque part les défrichements, c'est dans les montagnes. S'il est expédient de reboiser quelque part les terres, de repeupler les forêts détruites ou d'en créer de nouvelles, c'est encore dans les montagnes ; car c'est là seulement que le boisement se présente avec des caractères frappants de nécessité.

Plus on médite cette matière, plus on se pénètre de la convenance attachée à ce boisement des montagnes. Leur sol maigre et sec, leur rude climat, leurs torrents, leurs tourmentes, leurs roches toujours en ruines, ne conviennent qu'à la robuste végétation des forêts, et repoussent les frêles cultures de nos vallées. L'arbre seul peut braver l'effort de tant de forces, toujours en lutte sur ce sol, enfanté par une suite d'antiques révolutions. Seul, il peut se passer des soins de l'homme, et vous le voyez dresser son tronc vigoureux sur des crêtes de rochers, où le plus vaillant montagnard n'aurait osé le planter.

Les montagnes sont la patrie naturelle des forêts. C'est de leur fond que sortent les arbres les plus volumineux et les plus sains. Tout le monde a lu la description de ces monstrueux châtaigniers, venus sur les croupes de l'Etna ; de ce pin des Pyrénées, à qui les orbes concentriques du tronc assignaient l'âge du déluge ; de cet autre pin colossal, qui fut extrait, sous le règne de Tibère, des Alpes Juliennes, etc..... Le pin, le mélèze, le sapin se plaisent à lutter contre la tourmente, à enfoncer leurs fortes racines dans les entrailles des rochers, et à dresser leur cime chargée de frimas jusque sous les coupoles des glaciers. Ces mêmes arbres se rabougrissent dans les plaines, lorsqu'à force d'art et de soins on est parvenu à les y attirer. Les essences mêmes, à qui la plaine paraît mieux convenir, tels que le chêne, le noyer, le frêne, l'orme, transportées dans les montagnes, y prennent un caractère particulier de force et de dureté, qui les fait rechercher par les constructeurs. Il est bien connu que les vallées, avec leur ciel tiède et leur sol gras, n'enfantent que de médiocres bois de charpente. Tous ces arbres, qui croissent avec tant de célérité et de magnificence sur les rives du Mississipi, n'ont guère plus de durée ni de vigueur que notre peuplier, tandis que les sapins de la froide Norwége fournissent à la marine ses meilleurs matériaux. — Cette sévère nature des montagnes en agit avec les plantes comme la loi de Lycurgue : elle anéantit d'abord tout ce qui est infirme, et fortifie ensuite tout ce qui a pu lui résister.

Il suit de là que si vous appelez les forêts sur les montagnes, vous leur livrez un sol infertile, qui leur convient merveilleusement, et qui ne convient qu'à elles, au lieu que dans les plaines, vous ne pourriez les établir qu'aux dépens des cultures, et en leur sacrifiant d'utiles moissons.

Je pourrais suivre le parallèle plus loin, et ajouter que dans les montagnes, les forêts, en retardant la course trop rapide des eaux, les empêchent de déchirer le sol : dans les plaines, elles les empêchent de s'écouler, et engendrent par là des marais. Ainsi, de la même propriété découlent des effets directement opposés, ici un bien, là un mal. Voilà pourquoi le déboisement des vallées et des plaines a souvent été une œuvre préalable de civilisation et d'assainissement, sans laquelle elles eussent été inhabitables. — C'est ce mariage des forêts et des marais qui rend certaines contrées du nouveau monde si meurtrières à l'homme, et qui, dans les montagnes, a fait peupler généralement les coteaux avant le fond des vallées, ainsi que l'attestent ici beaucoup d'exemples.

Je ferai remarquer encore que l'élévation des montagnes, qui les place presque dans l'impossibilité de rien emprunter aux plaines, leur facilite, au contraire, les moyens d'y faire écouler leurs propres produits. Les cours d'eau qui serpentent au fond de leurs vallées, et s'épanchent ensuite dans les plaines, semblent des voies faites exprès pour la descente des bois, c'est-à-dire de la seule substance susceptible d'être flottée par le plus mince volume d'eau, sous forme de bûches perdues.

On peut juger, d'après tout cela, quel immense intervalle sépare ces deux sortes de régions, dans la question des forêts, et combien il est important de ne pas les confondre sous une même règle. C'est pour avoir méconnu cette distinction que plusieurs esprits, distingués d'ailleurs, sont arrivés à considérer l'inconvénient des défrichements comme assez peu grave, et les craintes exprimées à ce sujet, comme étant fort exagérées, sinon tout à fait vaines. — Mais dans les montagnes, elles ne sont malheureusement que trop fondées, et loin d'être exagérées, je dirai plutôt qu'elles ne sont pas à la hauteur du danger. De la présence des forêts sur les montagnes dépend l'existence des cultures et la vie de la population. Ici, le boisement n'est plus, comme dans les plaines, une simple question de convenance : c'est une œuvre de salut, une question d'être ou de n'être pas.

Il est donc urgent de rappeler les forêts sur les montagnes, puisque ces pays n'existent que par elles, et qu'en définitive, il faut bien qu'il y en ait quelque part, les plaines elles-mêmes ne pouvant s'en passer, qu'autant qu'elles en trouveraient à leur portée dans les régions voisines.

De toutes parts, sur les montagnes comme dans les plaines, les forêts diminuent. Cependant, il est impossible qu'une société d'hommes, vivant avec les habitudes et les besoins que la civilisation lui a faits, puisse se passer de bois. Il devient donc pressant d'aviser à faire équilibre à l'incessante destruction des bois par la création d'une grande masse de forêts nouvelles. — Or, ces forêts nouvelles, où les placera-t-on? Sera-ce dans les plaines, où elles prennent, comme à regret, la place des moissons? Sera-ce dans les montagnes, où elles prospèrent sur des terrains incultes? Dans les plaines, qui peuvent chercher leurs bois au loin, ou dans les montagnes, que la difficulté des communications oblige à les tirer de leur propre fonds? Dans les plaines, où ces reboisements n'ont aucune influence salutaire sur les cultures environnantes, ou dans les montagnes, où le bienfait de cette influence est incontestable? — Toutes les raisons se pressent donc pour transporter le champ des reboisements dans les montagnes : elles assignent à ces régions une destination spéciale et nouvelle : — celle de fournir du bois aux contrées qui sont couchées à leur pied. Les montagnes doivent devenir les chantiers où s'approvisionneront les plaines, et elles les préserveront par là du déplorable avenir dont on les a si souvent menacées.

Laissons donc les plaines se dépouiller peu à peu de leurs bois, et qu'elles continuent, comme par le passé, à nous livrer le blé et les doux fruits de leurs vergers. Elles ne sont pas faites pour la sauvage végétation des forêts, et nous rebrousserions vers la barbarie gauloise, si nous allions contraindre leurs belles campagnes à se hérisser d'arbres stériles (1). Mais à mesure que les forêts s'effaceront des plaines, attirons-les sur les montagnes, dont elles sont la cuirasse, en même temps que l'ornement et la décoration. Là, elles s'allient artistement avec la rudesse du sol et les durs contours de l'horizon; leurs grandes masses, sombres et touffues, sont la draperie naturelle de ces colosses. C'est là enfin leur dernier asile contre les envahissements de la civilisation, qui les presse, qui les poursuit le soc à la main, toujours plus affamée et plus puissante; c'est la seule place qui leur reste sur cette Terre, autrefois leur conquête, et d'où le fer de l'homme les chasse aujourd'hui de toutes parts.

Au fait, n'est-ce pas à cet usage qu'ont déjà servi les montagnes, partout où la civilisation a vieilli dans la possession du sol, et surtout dans les climats ardents, où le soleil est toujours prêt à changer la terre en désert?— Lorsque les plaines sont depuis longtemps dépouillées de leurs bois; lorsqu'usées par le trop long séjour de l'homme, écrasées sous les ruines de ses monuments, dévorées par la sécheresse, elles n'offrent plus à l'œil que le triste spectacle d'une terre désolée, on voit la fraîcheur et la verdure se réfugier, avec les grandes forêts, dans les escarpements des montagnes. C'est dans leur sein que l'habitant des plaines

---

(1) Il est inutile de faire observer que des proportions aussi générales doivent comporter quelques exceptions. Il existe dans les plaines des parties essentiellement infécondes, et qui, à cause de cela, ne peuvent convenir qu'aux forêts : telles sont certaines parties de la Sologne, de la Bretagne, de la Champagne Pouilleuse, etc. On est conduit à admettre ces exceptions par les principes mêmes sur lesquels sont fondées les propositions générales.

cherche alors les bois, que ses campagnes dénudées ne peuvent plus lui fournir. Il semble que la nature ait réservé ces
difficiles régions aux forêts pour les soustraire plus longtemps
au pouvoir imprévoyant de l'homme, lui ménageant ainsi
des trésors, qu'elle lui abandonne peu à peu, après qu'il a
épuisé tous ceux qu'il avait d'abord sous la main. — Ainsi,
nous voyons l'Italie, sous l'empire romain, sortir ses bois
des Apennins et du fond de la Gaule Cisalpine; ainsi la
Provence s'est alimentée longtemps dans les forêts des Alpes,
que lui apportait le flottage de la Durance; ainsi la Judée,
cette vieille terre déjà déboisée au temps de Salomon, allait
chercher la charpente de son temple dans les forêts du
Liban; ainsi les Vosges approvisionnent aujourd'hui les
Pays-Bas et la Hollande. Enfin, c'est ainsi qu'au moment
même où j'écris ces lignes, nous commençons à exploiter
les forêts de la Corse, qui, jusqu'à ce jour, étaient demeu-
rées à peu près vierges.

Qu'on reporte maintenant sa pensée sur les travaux que
nous proposons d'entreprendre dans les Hautes-Alpes; on
ne les jugera plus seulement au point de vue de l'utilité
locale, et comme un expédient propre à empêcher le dépérissement d'une petite contrée. On y verra une entreprise
d'un caractère tout à fait général, applicable à tous les pays
de montagnes, qu'elle place dans la condition qui leur convient, et sans laquelle ils couvriront inutilement le sol.

Ces régions n'ayant pour elles, ni la fertilité générale du
sol, ni l'aisance des communications, auront toujours sur
les plaines de grands désavantages, et leur condition n'est
déjà plus la même que dans le passé. — Autrefois, ces
difficultés d'accès avaient leur utilité, la même qui a déter-

miné tant de villes anciennes à s'établir de préférence sur les hauteurs, parce que la sécurité y était plus grande et la défense plus facile. Les montagnes s'offraient comme des forteresses naturelles aux faibles, aux proscrits, à tous ceux qui plaçaient la liberté au-dessus de tous les biens. Elles servaient de rempart contre les peuples ennemis, et de refuge aux débris des peuples vaincus, et c'est probablement de cette manière que beaucoup d'entre elles ont été peuplées.— Avec leur âpre climat, leur sol hérissé d'accidents, elles élevaient l'homme au mépris de la mollesse, et trempaient leurs peuples, comme elles font de leurs arbres. Ainsi se formaient dans leur sein des races dures, aux muscles de fer, au cœur intrépide, que les courants de la conquête ou de l'émigration mêlaient ensuite aux peuples des plaines, amollis par des conditions d'existence plus faciles. Les nations étaient renouvelées, et le flambeau était repris par des coureurs plus robustes (1).

Mais ce rôle historique des montagnes répond à leur passé, bien plus qu'à l'avenir : il doit s'effacer peu à peu, à mesure que s'effaceront les violences des guerres, et les conquêtes, et les proscriptions. Que deviendront-elles, dans une ère pacifique, où l'humanité, cessant de se déchirer les

---

(1) Les montagnes, ramifiées comme elles le sont sur la surface de notre planète, ont ainsi répandu par toute la terre, en même temps que leurs fleuves et leurs rivières, les fortes qualités propres aux peuples du Nord, mais qui ne sont pas, comme l'ont cru certains historiens, l'apanage exclusif de ces peuples : car les montagnes ont porté le Nord sous toutes les latitudes, avec son climat, avec ses neiges et ses frimats, avec les mâles vertus propres à ses races, et même avec sa Flore caractéristique, que le botaniste retrouve avec étonnement sur leurs sommets couronnés de glaces.

entrailles, ne prisera plus une contrée qu'à raison de ce qu'elle produit, ou des commodités qu'elle offre au développement tranquille de la civilisation? Ces antiques asiles de l'indépendance tomberont-ils en ruine, comme des temples abandonnés?...

Nous ne le pensons pas. Les montagnes conserveront toujours, même au point de vue économique, leurs propriétés originales, qui leur assignent une destination distincte de celle des plaines. Elles auront les forêts que les plaines sont destinées à perdre. Avec les forêts, elles auront le feu, c'est-à-dire, la force la plus universelle dont l'homme se soit rendu le maître. Elles auront leurs innombrables cours d'eau à fortes pentes, autres réceptables de forces, puisées dans la gravitation, et qui n'attendent que notre commandement pour se mettre en travail. — Les montagnes sont donc la patrie naturelle des forces motrices, et les lieux de la terre les plus propres à l'élaboration la plus économique des produits de toutes espèces. Elles sont encore les lieux les mieux dotés en richesses minérales, qui nulle part ne sont plus abondantes et n'arrivent plus près de la surface.

Voulez-vous maintenant préparer l'avenir de ces régions, en venant en aide à leurs conditions naturelles?—Commencez par les reboiser, car avant toute chose, il y faut assurer les cultures et l'existence des populations, en fixant, à l'aide des forêts, leur sol qui fuit de toutes part. Percez-les de routes commodes, qui pénètrent jusque dans leur cœur et les relient au reste du monde. Transformez ces nombreux cours d'eau, ici en canaux d'irrigation qui multiplieront les prairies et les troupeaux, là en machines, qui appelleront l'industrie qu'effrayent aujourd'hui l'isolement de ces pays et leur dépopulation. Elle y accourra comme vers sa terre promise. Elle tissera sur place la fine toison des troupeaux et la soie recherchée que donnent les mûriers des montagnes; elle dépécera le marbre des carrières et le bois des forêts; elle transformera en métaux les filons dispersés à profusion autour d'elle. La vigoureuse population qu'enfante l'air des montagnes, au lieu d'émigrer en détail comme aujourd'hui, pullulera dans les vallées, et ses bras, mis au service de l'agriculture et de l'industrie, auront bientôt tiré parti de toutes les ressources de la contrée.

Voilà ce que peuvent devenir, à des degrés divers, tous les pays de montagnes; et si ce tableau semblait quelque peu tracé de fantaisie, je répondrais qu'on peut le voir déjà réalisé en partie dans certaines régions des Vosges et de la Suisse, et surtout dans le Hartz, en Allemagne.

Et voilà aussi ce que nous pouvons faire de nos Alpes, si nous savons prévoir et agir.—Qu'on cesse donc de les traiter en *pays perdu*, comme les appellent si cruellement tant de personnes, qui ne voient que la superficie des choses. Ce pays n'est perdu que si nous voulons bien qu'il se perde. Il a, comme toutes les montagnes, sa valeur économique, et il aura son avenir, qu'il dépend de nous de lui donner : — avenir agricole, par les forêts, les prairies et les troupeaux; — avenir industriel, par les cours d'eau, les combustibles et les richesses minérales. — C'est le reboisement seul qui peut ouvrir cette ère de régénération : il est la condition nécessaire de toutes les autres améliorations et doit les précéder toutes, car aucune autre n'est possible sans lui.

Mais quand même notre vue ne se porterait pas si loin, quand nous ne verrions dans le reboisement qu'une œuvre spécialement agricole, sans autre but que de protéger les cultures et de tirer parti d'un sol qui s'en va, je dis qu'il ne faudrait pas moins l'entreprendre.

Le reboisement se présente alors comme un grand travail d'utilité publique, nouveau-venu parmi tant d'autres plus anciens, parce que la nécessité s'en est révélée plus tard, à la suite des longs abus de l'homme et de l'usure du sol. — Pour le bien juger, il faut nous départir de cette routine, qui nous a habitués à n'attribuer le caractère d'utilité publique qu'aux voies de communication, c'est-à-dire qu'aux seuls travaux qui ont pour objet de faciliter la circulation des produits. Est-ce que l'agriculture, qui engendre les produits mêmes, n'a pas, elle aussi, le droit d'avoir ses travaux publics, partout où elle ne peut s'en passer, soit pour prospérer, soit surtout pour ne pas périr? Si elle est assez heureuse, dans la plupart des contrées, pour se suffire à elle-même, elle ne le peut pas dans d'autres, où elle lutte contre de grands fléaux naturels : ici, les débordements des fleuves ou les irruptions de la mer; là, les défauts d'écoulages ou l'excessive sécheresse; ailleurs, l'envahissement des sables; ailleurs encore, les torrents ou le ravinement des terres... De tels ennemis ne peuvent être vaincus que par un ensemble de grands moyens, poursuivis sur une large échelle, avec constance et unité, et dans lesquels l'intervention de l'État est indispensable. — C'est par de semblables travaux qu'ont débuté la plupart des grandes sociétés d'autrefois, et il est assez triste de constater qu'à cet égard notre civilisation si vantée ne fait plus rien de comparable à ce qu'ont entrepris, avec tant de patience et de bon sens, des civilisations presque naissantes, soit en Égypte et en Chine, pour les endiguements, soit en Perse, dans l'Yemen et dans le midi de l'Espagne, pour les arrosages. Dans l'éblouissement où nous plongent, depuis un demi-siècle, les étonnants progrès de l'industrie, peut-être avons-nous trop perdu de vue que les premiers de tous les travaux sont ceux qui ont pour but d'assurer ou de multiplier les produits du sol : car la première nécessité de l'homme, l'éternelle plaie des sociétés sera toujours la faim, et, en dernière analyse, c'est toujours la terre qui doit pourvoir à ce besoin.

N'est-ce pas, d'ailleurs, le devoir de chaque État d'interroger toutes les ressources de son territoire, et de développer chaque région selon ses conditions naturelles, sans en rebuter aucune ? N'est-ce pas aussi la tâche donnée à l'homme de féconder le sol de sa planète ; et puisqu'il se glorifie d'en être le roi, serait-ce pour la désoler, comme un conquérant malfaisant, et pour ne laisser derrière lui, partout où il a traîné sa civilisation, que des ruines et de lugubres déserts?...

FIN.

NOTES.

NOTE I.

Sur les obélisques coiffés de blocs, qui se forment dans les déchirements des berges.

Chap. III.

Les déchirements de ces berges, dans certaines espèces de terrain, donnent naissance à des accidents d'une forme très-singulière. Ce sont des espèces d'obélisques qui se dressent verticalement au milieu du talus; ils sont presque toujours coiffés par un gros bloc que l'on dirait posé par la main des hommes.

C'est à ce bloc que l'obélisque doit sa formation. Primitivement le bloc était couché sur la surface du talus. Dans cette position, lorsqu'il survenait une averse, et que les eaux descendaient en ruisselant sur la pente des berges, il leur présentait un obstacle solide, qui divisait les courants, et les rejetait à droite et à gauche. On conçoit que de cette façon il protégeait la portion du talus située immédiatement au-dessous de lui : celle-ci demeurait intacte, pendant que les parties environnantes étaient de plus en plus creusées et abaissées. A la fin, il devait arriver que la partie ainsi ménagée s'élèverait au-dessus des parties affouillées, en formant d'abord une arête très-saillante, qui s'amincit de plus en plus et prend enfin, par l'action du temps et des décompositions atmosphériques, la figure d'un obélisque très-nettement détaché.

Ces singularités sont connues par les habitants du pays sous le nom de *Demoiselles* ou de *Nonnes*. On peut en voir sur les berges du torrent des *Graves*, de celui de *Crévoux*, de *Rabioux*, de *Grenoble* (près de Briançon), etc., etc.

NOTE 2.

Des chemins établis dans les lits des torrents.

Chap. III.

Cette gorge, tout horrible qu'elle paraisse, est pourtant la route la plus commode qui conduise de la vallée du *Queyras* à *Briançon*. Le lit du torrent sert de voie a un chemin vicinal. On peut juger par là ce que sont les chemins vicinaux du département. Le voyageur qui serait surpris par un orage au milieu de ce défilé, y perdrait immanquablement la vie. Où trouverait-il un refuge ? Le sol manque sous ses pas ; s'il reste dans le lit, il est englouti par le torrent ; s'il essaye de gravir les berges, il est écrasé par les blocs et par les lambeaux de terre, qui croulent alors de toutes parts. — Aussi les habitants ont-ils garde de s'aventurer dans cette route, dès qu'ils prévoient un mauvais temps.

La gorge du torrent de *Lubeoux*, qui mène dans le *Devoluy*, présente à peu près les mêmes circonstances. Le chemin vicinal est établi dans le lit du torrent, et les montagnes qui l'encaissent sont, dans beaucoup de parties, tellement escarpées, ou tellement croulantes, qu'il serait difficile de s'y réfugier, dans le cas où un orage, gonflant subitement le torrent, effacerait sous une masse d'eau furieuse toutes les traces du chemin.

NOTE 3.

Nature des pierres amenées par les torrents. ·

Chap. VIII.

Le *Drac*, la *Séveraisse*, la *Servières* roulent des variolites ; — La *Romanche*, du cristal de roche, et même, dit-on, de l'or ; ce qui n'aurait rien de surprenant, car elle baigne le pied de la montagne, où sont les mines de *Lagardette*.

Le *Boscodon* charrie du tuf et de l'albâtre.

Les torrents du *Queyras* sont pleins de serpentines, d'euphotides, etc.

Ceux du *Devoluy* roulent de la mollasse.

Dans le *Merdanel*, l'*Egouarres*, le *Rioubourdoux*, le *Prareboul*, etc., on exploite une brèche calcaire, à empreintes d'ammonites, avec laquelle on a construit ici la plupart des ponts, et qui est un véritable marbre.

Dans le torrent de *Trente pas*, près d'*Espinasse*, on exploite depuis quelques années un marbre vert qui s'exporte jusqu'à Paris.

Dans plusieurs torrents de l'Ouest, on trouve une grande abondance de coquillages fossiles.

Enfin, dans la plupart des torrents, les grès, les calcaires du lias, et les calcaires à nummulites, forment la masse principale des alluvions.

NOTE 4.

Excessive vitesse des torrents.

Chap. IX.

Cherchons à nous faire une idée de la vitesse des torrents, lorsqu'ils sont gonflés par une crue.

On sait que dans les grandes vitesses, la résistance à l'écoulement est simplement proportionnelle au carré de la vitesse, et la formule qui exprime cette vitesse est alors celle-ci :

$$u = 51 \sqrt{\frac{ps}{c}}$$

(D'Aubuisson, *Hydraul.*, pag. 113.)

Dans cette formule, p exprime la pente par mètre, s la section du fluide, et c le périmètre mouillé. Elle convient mieux qu'aucune autre à l'écoulement des torrents. Appliquons-lui les données les plus ordinaires.

Supposons que les eaux coulent à plein bord sur une pente de $0^m.06$ par mètre, et dans un canal ayant 8 mètres de largeur sur 2 mètres de hauteur. Je dois dire que cette dernière hypothèse se justifie par un bon nombre d'observations qu'on peut faire dans les parties où les torrents sont naturellement encaissés. Elle se justifie aussi par l'existence d'un grand nombre de ponts, dont le débouché présente toujours des dimensions au moins égales à celles-ci, et sous lesquels on a pu observer la hauteur des eaux dans les crues. — Ainsi ces trois données peuvent être considérées comme exprimant les circonstances les plus ordinaires des crues, et comme étant toujours surpassées dans les grands débordements.

On a, d'après cela :

$$p = 0^m,06$$
$$s = 16^m,00$$
$$c = 12^m,00$$

D'où l'on tire :

$$u = 14^m,28.$$

La vitesse des eaux serait donc d'un peu plus de 14 mètres par seconde.
Or une pareille vitesse est excessive. Celle des fleuves les plus rapides ne dépasse pas 4 mètres ; encore ces exemples sont-ils cités comme se rapportant à des cas extraordinaires. La vitesse des vents impétueux est de 15 mètres ; ce qui est tout près de celle que nous venons de trouver.

On cite, comme un cas de prodigieuse vitesse, l'exemple rapporté par Bouguer, d'un torrent, parti du Cotopaxi, et gonflé par la fusion brusque des neiges qui couvraient des bouches volcaniques. Ce torrent emporta, six heures après l'explosion du volcan, un village situé à trente lieues du cratère, en ligne droite. En admettant la lieue de 5,000 mètres, cela ne ferait qu'une vitesse de $6^m.94$ par seconde ; et, pour arriver à la vitesse de 14 mètres, il faut supposer que les contours du terrain ont à peu près doublé le parcours. Or c'est là justement ce qu'ajoute Bouguer, et son observation donnerait alors un résultat conforme à celui que le calcul nous donne ici, pour la vitesse possible de certains torrents.

Si l'on calcule la masse de liquide qui s'écoule dans l'intervalle d'une seconde, sous l'influence d'une vitesse de $14^m.28$, par la section que nous avons assignée aux torrents, on trouve un cube de $228^{mc},48$. — Pour se faire une idée de cet énorme débouché, il faut savoir que la *Garonne* ne débite, en temps ordinaire, que 150 mètres cubes d'eau; que la *Seine* n'en débite que 130, etc... Ainsi, un torrent de moins de 5 lieues de longueur, lorsqu'il est enflé par les orages, dégorge plus d'eau qu'il n'en passe ordinairement sous les ponts de ces grands fleuves!.... Il n'est pas surprenant, dès lors, que la durée des crues soit si courte dans les torrents.

NOTE 5.

Décret spécial aux torrents des Hautes-Alpes.

Chap. XIII.

En voici le texte :

Décret du 4 thermidor an XIII, relatif aux torrents du département des Hautes-Alpes.

Art. 1er. Dans les communes du département des Hautes-Alpes qui se trouvent exposées aux irruptions et débordements des rivières ou torrents, les maires, après avoir fait délibérer les conseils municipaux, se pourvoiront en la forme ordinaire par-devant le préfet du département, pour être autorisés à faire les réparations ou autres ouvrages nécessaires. En cas d'urgence, ils pourront convoquer les conseil municipaux pour cet objet, sans une permission particulière.

Art. 2. Le préfet commettra un ingénieur des ponts et chaussées pour reconnaître les endroits exposés, lever le plan des lieux, et proposer les projets et devis, qui seront communiqués aux conseils municipaux, et, d'après leurs observations, le préfet prononcera l'autorisation s'il y a lieu.

Art. 3. Si les ouvrages à exécuter n'intéressent que des particuliers, le préfet nommera une commission de cinq individus parmi les principaux propriétaires intéressés, lesquels choisiront entre eux un syndic, et délibéreront sur l'utilité ou les inconvénients des travaux demandés.

Art. 4. Le préfet commettra ensuite un ingénieur pour dresser les projets et devis qui seront communiqués à la commission, ainsi qu'il est prescrit pour les conseils municipaux dans l'art. 2.

Art. 5. Dans les cas où les ouvrages à faire intéresseraient plusieurs communes qui n'agiraient pas de concert, la demande du conseil municipal de la commune poursuivante sera communiquée aux conseils municipaux des autres communes, et il sera ensuite procédé par le préfet, à l'égard de toutes les communes, conformément à l'art. 2.

Art. 6. Lorsque la négligence, soit d'un ou de plusieurs particuliers, soit d'une ou de plusieurs communes, à faire des digues, curages et ouvrages d'art, le long d'un torrent ou d'une rivière non navigable, exposera le territoire aboutissant d'une manière préjudiciable au bien public, le préfet, sur les plaintes qui lui en seront portées, ordonnera le rapport d'un ingénieur des ponts et chaussées ; ce rapport sera communiqué aux parties intéressées pour donner leurs réponses par écrit dans le délai de huit jours, et le conseil de préfecture statuera sur les contestations qui pourraient en résulter.

Art. 7. Si une digue intéresse une commune en général, et que quelques particuliers s'opposent à sa construction, le conseil municipal sera consulté, et les oppositions seront soumises au conseil de préfecture.

Art. 8. Dans tous les cas ci-dessus énoncés, et lorsque les délais seront expirés, si tous les intéressés ont donné leur consentement, ou qu'il n'y ait pas eu de réclamations, l'adjudication des ouvrages, tels qu'ils auront été déterminés et arrêtés, sera faite dans les formes ordinaires devant tel fonctionnaire que le préfet aura commis, et en présence des intéressés, ou ceux-ci dûment appelés par des affiches et publications ordinaires.

Art. 9. Le montant de l'adjudication sera réparti entre les intéressés à raison du degré d'intérêt de leurs propriétés, par un rôle que le préfet rendra exécutoire, suivant la loi du 14 floréal an XI, et le conseil de préfecture statuera sur les réclamations relatives à cette répartition.

Art. 10. Les adjudicataires seront payés du montant de leur adjudication en vertu des ordonnances expédiées par le préfet sur le certificat de réception des travaux, délivré par l'ingénieur chargé de la conduite des ouvrages. Les débiteurs seront contraints au payement dans la forme prescrite par la loi du 14 floréal an XI.

Art. 11. Nul propriétaire ne pourra être taxé, pour ses contributions aux travaux dans le cours d'une année, au delà du quart de son revenu net, distraction faite de toutes les autres impositions.

Tel est ce décret, qui n'a pas cessé d'être en vigueur dans le département des *Hautes-Alpes*, depuis le jour de sa promulgation. Un acte du 16 septembre 1806 l'a étendu aux départements de la *Drôme* et des *Basses-Alpes*.

L'établissement d'une digue, d'après ce décret, n'exige pas d'autre approbation que celle du préfet, qui vise les projets des ingénieurs, décide si la construction aura ou n'aura pas lieu, et poursuit la répartition des frais, au prorata de l'intérêt. — Les formalités prescrites par la loi du 16 septembre 1807 sont plus compliquées; elles prescrivent l'intervention de l'administration supérieure, et la création d'une commission spéciale nommée directement par le chef de l'État, pour la répartition des frais.

En général, les formes du décret sont plus simples et plus expéditives que celles de la loi du 1807. Celle-ci, confondant dans la même législation plusieurs classes d'ouvrages très-différentes, assujettissait les plus simples digues à la même série de formalités qu'elle avait prescrite pour les longs et difficiles travaux des desséchements de marais. Le décret, au contraire, ne concernant que des ouvrages en général peu considérables, avait abrégé les formalités, parce que l'intérêt public exige souvent que ces travaux soient faits à la hâte et sans perdre de temps.

Il faut croire que si le décret du 4 thermidor n'a jamais été considéré comme abrogé dans les départements pour lesquels il avait été spécialement rendu, c'est qu'on a pensé que les motifs qui l'avaient inspiré en 1803, et qui lui avaient attribué un caractère purement local, en bornant son action dans une enceinte déterminée, on a pensé, dis-je, que ces motifs subsistaient encore en 1807, comme ils subsistent encore aujourd'hui, et qu'ils le mettaient hors de l'influence des lois, faites généralement pour le reste de la France.

(Voyez au sujet de ce décret la *Notice des principales lois, décrets, ordonnances, etc., relatifs aux rivières, torrents, etc.*, par *Morisot, chef de bureau à la préfecture des Basses-Alpes*, 1821. — Il existe aussi dans les cartons de la préfecture des *Hautes-Alpes* un excellent règlement, qui développe le décret du 4 thermidor, et qui a été rédigé en 1832 par M. *Gauthier*, conseiller de préfecture.)

NOTE 6.

Influence des agents atmosphériques sur la forme des montagnes.

Chap. XIV.

Les géologues sont d'accord sur ce point, qu'après les causes internes qui ont poussé au jour la masse générale des montagnes, des causes extérieures ont modifié ensuite cette masse, et l'ont découpée suivant les accidents que l'on y remarque aujourd'hui. Tous conviennent que les formes particulières des montagnes, leurs profils, leur *physionomie*, si on peut s'exprimer ainsi, sont le résultat de l'action longtemps prolongée des causes ordinaires de dégradation sur leur sol.

Les profils suivant lesquels les montagnes tendent à se disposer, sont de véritables *courbes d'équilibre*, fonctions, d'une part, de la ténacité du terrain, et d'autre part, de l'énergie plus ou moins active des agents destructeurs. Dès que l'une de ces forces vient à varier, la figure de la montagne variera pareillement. — Plus le terrain est formé de roches dures et lentes à se détruire, plus la courbe se rapproche de la verticale, et plus la montagne se présente sous des formes abruptes. Le terrain devient-il friable? la courbe s'abaisse, les pentes s'allongent, la montagne s'étale sur une large base, et ses formes s'arrondissent. — Un accroissement dans les forces de dégradation produirait la même modification.

Voilà pourquoi, à chaque climat, à chaque constitution particulière de terrain, correspond une figure particulière et caractéristique de montagne. C'est ainsi qu'on a, sans sortir de la France, des *ballons* dans les Vosges, des *causses* dans la Lozère, des *puys* ou *pouys* dans l'Auvergne, des *pics* dans les Pyrénées, des *aiguilles* dans les Alpes, etc.

« .... Les circonstances de la formation primitive, dit *Voisin d'Au-*
« *busson*, ont esquissé les grands traits des inégalités de la surface
« terrestre. C'est ensuite l'action continue des agents atmosphériques,
« qui en a dessiné presque tous les détails.... »

NOTE 7.

Hauteur des montagnes du département.

Chap. **XX.**

Il y a ici, dans le *Queyras*, des cimes dont la hauteur au-dessus du niveau des mers dépasse 4,000 mètres.

Dans la *Vallouise*, le mont *Pelvoux* s'élève à 4,275 mètres. Cette montagne, qui est la plus haute de *France*, n'est pas même citée dans l'*Annuaire du bureau des Longitudes*. Sa hauteur dépasse d'environ 800 mètres celle du pic le plus élevé des *Pyrénées* (*le mont Perdu*). Elle est inférieure de 535 mètres à celle du *mont Blanc* ; mais supérieure à celle de la *Yung-Frau*, du col du *Géant*, etc.

Le mont d'Or, qui a tant de célébrité en *France*, ne s'élève qu'à 1884 mètres, et le *Puy-de-Dôme*, plus célèbre encore, à 1,467. — Ces hauteurs sont véritablement insignifiantes à côté de celles de la plupart des montagnes du département des *Hautes-Alpes*. Ici les cols, les montagnes pastorales s'élèvent presque toujours à plus de 2,300 mètres. Un des cols les plus bas, celui du *Lautaret*, où l'on perce en ce moment une route royale, s'élève à 2,098 mètres. Cette route, une fois ouverte, sera la plus élevée de *France*. Le passage du *Saint-Gothard* s'élève à 2,075 mètres, celui du *mont Cenis* à 2,066 mètres, celui du *Simplon* à 2,005 mètres, etc....

NOTE 8.

Influence du climat sur les dégradations du sol.

Chap. XXI.

Je vais rapporter un passage qui développe très-bien cette influence, et qui complétera tout ce que j'ai dit sur ce sujet. — Il est tiré de la Géologie de *Labèche*, pages 246 et suivantes.

« ..... Une différence dans le climat a dû produire d'autres variations
« visibles, tant dans les roches supracrétacés, que dans celles qui se
« sont formées antérieurement. Il est probable que plus un climat
« était chaud et approchait des tropiques, plus l'évaporation et la quan-
« tité de pluie devaient être considérables, et plus aussi le pouvoir de
« certains agents météoriques devait avoir d'intensité ; conséquem-
« ment, dans cette hypothèse, les différents dépôts doivent pré-
« senter des traces d'autant plus marquées de l'influence de pareils
« climats, que l'époque à laquelle ils ont été formés est plus ancienne.
« Si des pluies semblables à celles des tropiques venaient se précipiter
« sur de hautes montagnes, telles que les Alpes, en supposant même

« à plusieurs d'entre elles une élévation moindre que celle qu'elles
« ont, ces pluies produiraient des effets bien différents de ceux que
« nous observons maintenant dans ces mêmes contrées : on verrait se
« former tout à coup des torrents dont les habitants actuels de ces
« montagnes n'ont aucune idée ; ces masses d'eau entraîneraient des
« quantités de détritus bien plus grandes que celles que charrient les
« torrents actuels des Alpes, dont cependant le volume est assez con-
« sidérable. Ainsi, en admettant toutefois l'exactitude de l'hypothèse
« ci-dessus, il faut toujours tenir compte des différences produites sur
« la surface de la terre par l'action des agents météoriques, laquelle
« est d'autant plus puissante que le climat est plus chaud. On doit
« particulièrement avoir cette attention, lorsque d'après l'observation
« d'une série de couches du même district, il paraît évident que la
« température sous l'influence de laquelle elles se sont formées a gra-
« duellement diminué.

« Examinons maintenant jusqu'à quel point la végétation peut, dans
« les climats chauds, contre-balancer le pouvoir de décomposition
« et de transport que possèdent les agents atmosphériques. Il paraît
« que, toutes circonstances égales d'ailleurs, plus un climat est
« chaud, plus la végétation qu'il produit est vigoureuse. La question
« se réduit donc à celle-ci : la végétation protége-t-elle le sol con-
« tre l'action destructive de l'atmosphère ? Il est presque impossi-
« ble de répondre autrement que par l'affirmative. Si nous man-
« quions de preuves de ce fait, nous en trouverions dans ces élévations
« artificielles de terre, ou *barrows*, qui sont si communes dans plu-
« sieurs parties de l'Angleterre : elles ont été exposées, dans ce climat,
« à l'action de l'atmosphère pendant environ deux mille ans; et ce-
« pendant elles n'ont éprouvé, dans leur forme, aucune altération
« sensible, quoique, au moins pendant une partie considérable de ce
« laps de temps, elles n'aient été recouvertes que par une légère cou-
« che de gazon. Si maintenant on admet que la végétation protége jus-
« qu'à un certain point la terre qu'elle recouvre, il s'ensuit que plus la
« végétation est forte, plus sa protection est efficace, et que, par con-
« séquent, la terre est toujours garantie de l'action destructive de
« l'atmosphère, proportionnellement au besoin qu'elle en a. Sans
« cette loi prévoyante de la nature, les roches les plus tendres des
« régions tropicales seraient promptement emportées par les eaux, et
« le sol ne pourrait plus nourrir ni végétaux ni animaux ; car, quoi-

« que dans beaucoup de régions tropicales, on rencontre de vastes
« étendues, qui présentent l'apparence de déserts stériles, et qu'on
« voit cependant renaître soudain à la vie, après deux ou trois jours
« de pluie, et se couvrir comme par enchantement d'une brillante
« verdure, on doit reconnaître que les racines des plantes vivaces aux-
« quelles l'humectation fait produire une végétation si vigoureuse, et
« même celle des plantes annuelles déjà passées, dont les graines
« produisent des feuilles si verdoyantes, s'entre-mêlent dans le sol de
« telle manière qu'elles opposent une résistance considérable au pou-
« voir destructeur des pluies (1).

« Je n'ai nullement l'intention de conclure de ce qui précède, que
« la dégradation du sol n'est pas généralement plus grande sous les
« tropiques que dans les climats tempérés ; j'ai voulu simplement éta-
« blir que, dans les deux cas, le sol reçoit des végétaux qui le recou-
« vrent une protection proportionnée à l'influence destructive à la-
« quelle il se trouve exposé. Supposons qu'il arrive en Angleterre une
« de ces saisons pluvieuses si communes sous les tropiques ; nul doute
« que de grandes étendues de terre seraient entraînées, et que les
« *barrows* dont nous avons parlé plus haut, disparaîtraient prompte-
« ment. Si, au contraire, il ne tombait dans les régions tropicales que
« la même quantité de pluie que nous avons chaque année dans le cli-
« mat de l'Angleterre, on y trouverait à peine quelques traces de végé-
« tation dans les bas-fonds, car l'eau qui en résulterait serait insuffi-
« sante pour sustenter les plantes tropicales ; et, bien qu'elle tendît à
« dégrader le sol, elle serait si promptement évaporée, que son action
« destructive serait à peine sensible. La quantité de pluie et la végé-
« tation sont proportionnées l'une à l'autre ; néanmoins la dégrada-
« tion du sol croît avec la quantité de pluie et la force de plusieurs
« agents météoriques, de sorte que, toutes choses égales d'ailleurs,
« plus il tombe de pluie, plus est grande la destruction du sol ; et
« conséquemment, plus un climat est chaud, plus la dégradation des
« montagnes est considérable.

« Dans les régions tropicales, les plantes parasites et rampantes

---

(1) Dans les savanes de l'Amérique il arrive fréquemment qu'il y a peu de végétation
et alors elles éprouvent des dégradations considérables.

« croissent dans toutes les directions possibles, de manière à rendre
« les forêts presque impraticables ; les formes et les feuilles des arbres
« sont admirablement calculées pour résister aux fortes pluies et en
« garantir les êtres innombrables qui, dans les saisons pluvieuses,
« viennent chercher un abri sous leur feuillage. Le bruit que font les
« pluies tropicales en tombant sur ces forêts, frappe les étrangers
« d'étonnement ; et il s'entend à des distances que les habitants des
« régions tempérées ont peine a concevoir. La pluie, ainsi amortie et
« brisée dans sa chute, est promptement absorbée par le sol, ou se
« précipite dans des dépressions dans lesquelles elle produit des tor-
« rents qui, il faut l'avouer, sont assez impétueux et causent de grands
« ravages. »

NOTE 9.

Ancienneté des déboisements dans les Hautes–Alpes.

Chap XXVIII.

Les Archives des bénédictins de *Boscodon*, conservées dans l'Eglise
Notre-Dame-d'Embrun, renferment un grand nombre de contestations
relatives à des déprédations forestières. C'est le sujet le plus ordinaire
de ces archives, durant plus de cinq siècles. Il a provoqué plusieurs
excommunications dressées en bonne forme. On peut voir là, par une
foule de traits, que les forêts étaient déjà à cette époque une chose rare
et précieuse.

Un édit de *Humbert Dauphin* interdit les défrichements dans le *Brian-*
« *connais*. «..... *pour résister aux avalanches et autres incommodités.....*»
Donc l'abus des défrichements était déjà connu alors (xiv° siècle).

On a découvert l'existence d'une grande corporation de bateliers,
établie sur la Durance, du temps des Romains. Cela prouve qu'il y
avait alors sur cette rivière un flottage considérable, totalement abandonné depuis longtemps. Cela prouve aussi que ce département était

alors couvert d'abondantes forêts, dont il ne reste aujourd'hui que de maigres lambeaux,

---

NOTE 10.

Opinion de Fabre sur les causes des torrents et sur les effets qui en résultent.

Chap. XXVIII.

Ce qu'on va lire est tiré de son *Essai*, pages 64 et suivantes.

**144. « *La destruction des bois qui couvraient nos montagnes*
« *est la première cause de la formation des torrents.***

« La raison s'en présente d'elle-même. Ces bois, soit taillis, soit de
« haute futaie, interceptaient, par leur feuillage et par leurs branches,
« une partie considérable des eaux pluviales et de celles d'orage. La
« partie restante, et qu'ils ne pouvaient pas retenir, ne tombait que
« goutte à goutte, et dans des intervalles assez longs pour qu'elle eût
« le temps de filtrer dans les terres. D'autre part, la couche de terre
« végétale, qui s'accroissait annuellement par la chute des feuilles,
« s'imbibait d'une quantité considérable de ces eaux. Enfin les touffes
« d'arbrisseaux rompaient et détruisaient, dès leur origine, les torrents
« qui pouvaient se former nonobstant toutes ces raisons. Les bois
« étant détruits, les eaux d'orage n'ont plus trouvé d'interception
« dans leur chute. Ne pouvant pas, à raison de leur abondance, être
« absorbées par la terre à mesure qu'elles tombaient, elles ont coulé
« superficiellement, et, n'y ayant plus de touffes qui rompissent et
« divisassent leur cours, elles ont formé les torrents, ainsi qu'il a été dit.

**145. « *Les défrichements sur les montagnes sont la seconde cause*
« *de la formation des torrents.***

« Car nous avons démontré qu'un torrent se formerait avec d'autant

« plus de facilité, que les matières qui composeraient la montagne
« auraient moins de ténacité. Or les défrichements, en rendant les
« terres meubles, ont diminué cette ténacité : donc, ils ont favorisé
« la formation des torrents.

« L'on voit par là combien a été mal entendue et peu réfléchie la
« loi rendue sous l'ancien régime, qui autorisait les défrichements,
« pourvu que l'on construisît, par intervalles, des murs de soutene-
« ment, pour arrêter les terres sur les penchants des montagnes. On
« n'a pas senti que, dans une infinité de contrées, on se bornait à faire
« deux ou trois récoltes dans un défrichement, et qu'ensuite on l'aban-
« donnait. Conséquemment il était naturel que les murs de soutene-
« ment devant plus coûter que ne vaudraient les récoltes, on ne les
« construirait pas; aussi c'est là ce qui est arrivé. Cependant il en est
« résulté jusqu'à présent, et il en résultera pour l'avenir, les désastres
« les plus affreux, ainsi que nous allons le voir.

146. « *Le premier désastre produit par les deux causes dont nous*
« *venons de parler, est la ruine de nos forêts.*

« S'il avait existé des lois sages et qu'on eût soigneusement tenu la
« main à leur exécution, nous aurions aujourd'hui des bois de con-
« struction assez abondants pour nous passer de l'étranger. Nous
« aurions aussi en abondance des bois de charpente et de chauffage.
« On sent que tous ces objets sont essentiellement nécessaires dans un
« État bien organisé. Cependant ils nous manquent au point que dans
« un grand nombre de communes on n'a pas même du bois de chauf-
« fage. Le mal vient de loin, et il est très-instant d'y remédier.

147. « *Le second désastre est l'anéantissement en une infinité d'endroits*
« *de la couche végétale qui couvrait nos montagnes.*

« Cette couche donnait autrefois d'abondants pâturages pour les
« bêtes à laine. Emportée par les orages et les torrents, il ne reste
« plus aujourd'hui sur ces montagnes qu'un rocher nu et aride. De
« là il résulte nécessairement une diminution dans le menu bétail qu'on
« aurait pu nourrir en France, si ces pâturages avaient continué
« d'exister.

148. « *Le troisième désastre est la ruine des domaines qui sont le long*
« *des rivières.*

« ... Nous avons vu que les crues étaient d'autant plus fortes que
« les montagnes étaient moins boisées et plus décharnées. Ces crues
« sont donc plus fortes aujourd'hui par l'effet des deux causes
« mentionnées ci-dessus, qu'elles ne l'étaient autrefois : donc elles
« doivent causer, et elles causent réellement beaucoup plus de dégâts
« aux domaines riverains qu'elles n'en causaient autrefois.

« D'autre part, nous avons vu qu'il pouvait arriver, comme en effet
« il n'arrive que trop souvent, que les torrents sortissent de leur lit,
« couvrissent de dépôts les domaines adjacents situés au pied des
« montagnes; ce qui les dénature absolument. Or la chose n'a lieu
« que depuis que, par les deux causes ci-dessus, les torrents se sont
« formés.

149 « *Le quatrième désastre est le dommage qu'éprouve la navigation*
« *des rivières par les divisions qui sont la suite de fortes crues.*

« Nous verrons plus bas qu'une crue forte et subite divise souvent
« la rivière en plusieurs branches. En attendant, il nous suffit de dire
« qu'autrefois cela était peu fréquent. Ce qui le prouve, c'est qu'en
« général les rivières étaient prises pour limites des territoires des
« communes; ce qui n'aurait pas été si, dans ce temps-là, ces rivières
« avaient été sujettes aux mêmes divisions qu'aujourd'hui. Or il est
« visible que ces divisions, en plusieurs branches, portent un très-
« grand préjudice à la navigation et à la flottaison des rivières.

150. « *Le cinquième désastre consiste dans les contestations que les divisions*
« *des rivières font naître entre les propriétaires riverains opposés.*

« Car si, dans l'origine et à l'époque où la rivière n'avait qu'un lit,
« le courant formait la ligne divisoire, il est visible que ce courant,
« venant à changer par la division en plusieurs branches, la ligne
« divisoire changera aussi. Sa position devenant variable et incertaine.

« il faut qu'il en résulte des procès, et c'est malheureusement ce qui
« n'arrive que trop souvent. Cependant la chose n'aurait pas lieu si
« l'on n'avait pas détruit les bois et les couches de terre végétale sur
« les montagnes.

151. « *Le sixième désastre résulte des dépôts qui se forment à l'embouchure*
« *des fleuves et qui interceptent souvent la navigation*

« Car il est démontré, par l'expérience, que les atterrissements qui
« se forment à l'embouchure des fleuves, gênent extrêmement la navi-
« gation. Il est aussi démontré, par l'expérience, que ces atterrisse-
« ments se sont opérés beaucoup plus rapidement dans ces derniers
« temps qu'autrefois. L'exemple du Rhône, que nous avons rapporté
« au n° 11, en est une preuve convaincante. Or ces dépôts ne peuvent
« provenir que des dépouilles des montagnes défrichées.

152. « *Enfin, le septième désastre consiste dans la diminution des sources*
« *qui alimentent les fleuves et les rivières dans leur état ordinaire.*

» Nous avons vu que les sources provenaient des eaux pluviales qui,
« filtrant à travers la terre, se rendaient dans des réservoirs souterrains
« d'où elles s'échappaient ensuite par de petits canaux et paraissaient
« à la surface de la terre. Or, si les montagnes se dépouillent de leur
« couche de terre végétale et qu'il n'y reste plus que le rocher nu, il
« est visible que les eaux pluviales ne filtreront plus et qu'elles s'écou-
« leront toutes superficiellement : donc les sources doivent diminuer
« ainsi que les rivières qui les alimentent ; il viendra même un temps
« où les rivières qui, aujourd'hui, sont navigables, cesseront de l'être.
« A la vérité, cette époque est encore éloignée ; mais tôt ou tard elle
« arrivera, si l'on ne détruit pas la cause qui doit opérer cet effet... »

NOTE 11.

Moyens proposés par Fabre pour empêcher la formation des torrents.

Chap. XXXI.

Je vais transcrire textuellement son essai, pages 131 et suivantes. On jugera par là que je ne propose rien de neuf; mais le but de mon travail n'en sera que mieux rempli.

« ... Nous avons dit que la destruction des bois qui couvraient les
« montagnes était la première cause de la formation des torrents.
« Pour détruire l'effet, il faut extirper la cause. Donc, s'il reste encore
« de la terre végétale sur ces montagnes, le mieux serait de les laisser
« se boiser en laissant ces terres en friche, et, à cet effet, d'en écarter
« tout ce qui pourrait porter atteinte aux arbres naissants. C'est pour
« cette raison qu'on doit tenir la main à l'exécution la plus stricte des
« lois concernant la prohibition des chèvres, car on sait que la dent
« de cet animal est meurtrière pour les arbres naissants. Il n'est pas
« moins essentiel de pourvoir à la conservation des bois existants,
« puisque ces bois, qui ont empêché jusqu'aujourd'hui les torrents
« de se former, nous sont un sûr garant qu'ils en empêcheront encore
« la formation à l'avenir.

« Les défrichements sont la seconde cause de la formation des tor-
« rents. Il faut donc qu'après avoir été trop généralisés par les anciennes
« lois, ils soient réduits à leurs véritables limites. En conséquence,
nous croyons qu'à cet égard on devrait se conformer à ce qui suit.

« 1° Un défrichement ne devrait jamais, sous quelque prétexte que
« ce fût, être permis sur le penchant d'une montagne qui aurait moins
« de trois de base ou d'empattement sur un de hauteur verticale.

« 2° Le défrichement pourrait être permis sous un plus grand empat-
« tement ou une moindre déclivité; mais néanmoins, avec des restric-
« tions, d'après le mode que nous allons proposer.

« 3° Le défrichement ne devrait être autorisé que par lisières ou

« bandes transversales et horizontales, ou de niveau, ou du moins à
« peu de chose près.

« 4° Dans ce cas, les bandes défrichées seraient séparées entre elles
« par d'autres bandes pareillement horizontales, ou de niveau, qu'on
« laisserait incultes et sur lesquelles on permettrait au bois de croître.

« 5° Ces bandes incultes seraient destinées à remplacer les murs de
« soutenement prescrits par la loi, dont nous avons parlé au n. 145.
« Il parait qu'elles ne devraient pas avoir moins de cinq toises de
« largeur pour pouvoir, au besoin, détruire un torrent qui se formerait
« sur la bande supérieure défrichée.

« 6° La largeur des bandes défrichées pourrait être de cinq toises
« seulement, dans le cas où l'empattement de la montagne serait de
« trois sur un de hauteur, et il parait qu'elle pourrait croître en raison
« inverse de cet empattement, jusqu'à ce qu'on fût arrivé à une pente
« qui ne laissât plus aucun sujet de craindre la formation des torrents,
« cas auquel cette largeur pourrait être illimitée.

« 7° Enfin, les défrichements, dans tous les cas, ne devraient pou-
« voir s'effectuer qu'avec l'autorisation des autorités municipales res-
« pectives, et d'après la vérification et le tracé préalables qui en
« seraient faits par un officier public, à ce préposé dans chaque
« commune.

« Il n'y a personne qui ne voie que, d'après un pareil règlement,
« on éviterait à l'avenir tous les désastres produits par les défriche-
« ments arbitraires, et presque toujours fort mal entendus pour le
« public et le particulier; désastres dont nous avons fait l'énumération
« aux n. 146 et 152.

« La nature n'est que plus active lorsqu'elle est aidée par l'industrie
« humaine. Ainsi, dans le cas où l'on voudrait hâter sur certains pen-
« chants de montagnes la multiplication des bois, il ne serait souvent
« pas mal d'y semer, soit des glands, soit des faines de l'espèce
« d'arbres qu'on présumerait être propre aux localités. Il y a plus
« d'un pays où l'on s'est parfaitement bien trouvé de l'usage de ce
« moyen, qui paraît pourtant extraordinaire aux yeux du vulgaire.

« Il y a des cas où il reste assez peu de terre sur les montagnes
« pour faire présumer que les bois n'y prendraient que de faibles
« accroissements. On pourrait alors, avec succès, gazonner ce terrain

« en y semant des graines des plantes qui seraient jugées le plus
« propres aux localités. Le tissu superficiel que le gazon formera,
« sera un obstacle à la formation des torrents; et d'ailleurs, par ce
« moyen, on créera des pâturages utiles.

« Ce sont là les moyens de prévenir la formation des torrents sur
« les montagnes. Il nous reste à voir ceux qu'il faut employer pour
« détruire, lorsque la chose est possible, les torrents déjà formés.....»

NOTE 12.

Analyse du mémoire de M. Dugied.

Chap. XXXIII.

J'ai cité si souvent M. *Dugied* dans le courant de mon travail, et
son mémoire est connu d'un si petit nombre de personnes, même dans
les localités pour lesquelles il a été spécialement écrit, que je crois
devoir ici en donner une analyse. — J'exposerai les idées de l'auteur
en me conformant à l'ordre qu'il a lui-même suivi.

«..... Plus de la moitié du département des *Basses-Alpes* est couverte
« de terrains arides et improductifs. Là se creusent des torrents
« nombreux qui, descendant ensuite dans les vallées fertiles, achèvent
« la ruine du pays.

« Deux causes ont surtout contribué à amener ce triste état de
« choses : la destruction des forêts d'une part, et de l'autre, la manie
« des défrichements. Il est grandement temps de s'occuper des re-
« mèdes; car plus tard, les remèdes seraient devenus impossibles.

« Pour arriver à la régénération du département, trois mesures sont
« à prendre :

« 1° Empêcher les défrichements nouveaux, et rendre aux terres
« défrichées leur adhérence primitive ;

« 2° Boiser les sommets et les flancs des montagnes,

« 3° Encaisser les torrents.

« On va passer en revue chacune de ces trois mesures, l'une après
« l'autre.

Première mesure.

« On préviendra les défrichements en remettant en vigueur l'ordon-
« nance de 1867, laquelle prononce une amende de 3,000 fr. contre
« tous ceux qui défricheraient les terrains en pente non boisés.

« On rendra aux terres défrichées leur adhérence primitive en for-
« çant les propriétaires de les convertir en prairies artificielles, soit
« par le pouvoir des tribunaux, soit par l'action administrative.

(L'auteur cite ici une expérience, de laquelle il résulte que des
semis de sainfoin ont entièrement raffermi une terre, soumise auparavant à de grandes dégradations.)

Deuxième mesure.

« Il suit de quelques évaluations statistiques que la superficie des
« terrains qu'on peut espérer de reboiser avec succès dans les *Basses-*
« *Alpes*, comprend une aire de 150,000 hectares. Il s'agirait de prendre
« chaque année dans cette surface 2 à 3,000 hectares qu'on s'appli-
« querait à faire reboiser par les propriétaires mêmes du sol.

« Là se présente plus d'une difficulté.

« D'abord, la grande division des propriétés, qui multipliera les
« résistances. Ensuite, le peu de revenu que les propriétaires tireront
« des plantations pendant les premières années. Enfin, la dépense
« même des plantations qui ne sera pas, dans tous les terrains, en
« rapport avec les produits futurs.

« Toutes ces difficultés sont très-graves et ne peuvent être tranchées
« que par un seul expédient : *l'intervention de l'État*. Elle con-
« sistait :

« 1° En primes données aux planteurs;
« 2° Dans la distribution gratuite des graines;
« 3° Dans une remise de contributions au profit des planteurs.

« Une prime serait accordée à tout propriétaire dont les semis
« auraient réussi. La vérification en serait faite par une commission, et
« la réussite constatée dans un procès-verbal adressé par cette com-
« mission au préfet. — La valeur de la prime serait de 20 francs par
« hectare. Elle serait payée par l'État, conjointement avec le dépar-
« tement, dans la proportion suivante. L'État payerait les trois quarts
« et le département le quart. Ainsi, dans la supposition de l'ense-
« mencement de 2,000 hectares par année, le département débourse-
« rait chaque année en primes 10,000 francs, et le trésor public en
« débourserait 30,000.

(Le motif sur lequel M. Dugied fonde cette répartition, qui fait peser
la plus grande partie de la dépense sur l'État, est précisément celui
que j'ai donné moi-même : l'impuissance matérielle du département.
—Je vais citer textuellement.)

«... Mes motifs pour que le département ne donne pas plus de
« 10,000 fr. par an sont, qu'il est très-loin d'être riche; qu'il ne ren-
« trera pas dans les sommes qu'il fournira, tandis que le gouverne-
« ment récupérera toutes ses avances; et *que, pour tout dire, sans de*
« *pareilles avances de la part de ce dernier, il n'y a pas à espérer que*
« *l'opération s'exécute jamais.* Sans doute, le département retirera de
« très-grands avantages; mais les sacrifices qu'il fera pour aider au
« succès n'en seront pas moins de véritables sacrifices.....»

« Le second mode d'intervention, consistant dans la fourniture gra-
« tuite des graines, serait entièrement à la charge de l'État. Admettons
« qu'on ensemence 2,000 hectares par année et qu'on distribue les es-
« sences de la manière suivante :

600 hectares   en glands.
600   *id.*   en hêtres.
800   *id.*   en pins et **sapins.**
____
Total pareil   2,000 hectares.

« La dépense totale des graines, transport compris, serait de
« 23,400 francs. — Les mêmes frais s'élèveraient à 35,100 francs si l'on
« ensemençait 3,000 hectares par année, au lieu de 2,000.

«... L'administration, livrant gratuitement les graines, tiendrait aussi
« la main à ce que les essences fussent distribuées avec intelligence.
« et que chaque terrain ne reçût que celles qui conviennent à sa na-
« ture. Les penchants trop abruptes seraient ensemencés en buis et
« en genêts.

«... Les semis auraient aussi besoin d'être défendus contre les bestiaux,
« et contre les rapines des hommes. Il faudrait pour cela exciter une
« surveillance plus active et plus sévère de la part des agents forestiers
« qui resteraient chargés de la garde des futures forêts ; on augmenterait
« leur nombre ; on perfectionnerait leur organisation ; en même temps
« on améliorerait leur sort.

« Enfin, passons au troisième moyen : la remise des contributions.
« — Chaque propriétaire, après une reconnaissance faite de ses semis
« au bout de cinq ans, jouirait d'une remise de contributions, pen-
« dant la durée de dix années.

« Tels sont les sacrifices que s'imposerait l'État pour arriver peu à
« peu au reboisement des montagnes.

Troisième Mesure.

« Elle comprend l'encaissement des torrents. On ne commencerait
« cet encaissement que lorsque les forêts auraient exercé leurs effets.
« c'est-à-dire quinze ou vingt ans après les premières plantations. —
« Les ingénieurs des ponts et chaussées dresseraient les plans des ou-
« vrages à faire. La dépense serait supportée par les propriétaires in-
« téressés et par l'État, qui assumerait la moitié des frais. L'effet des
« digues serait à la fois de défendre les propriétés riveraines, et de
« conquérir de nouveaux terrains... »

L'auteur calcule ici que l'encaissement de la *Durance* entre *Sisteron*
et le *Pertuis de Mirabeau* coûterait de 4 à 5,000,000, en cavant au maximum ; que la superficie des terres conquises serait de 10,000,000 de
toises carrées qui vaudraient, au bout de trois ans, 10 millions de
francs en cavant au minimum. Les capitaux dans cette entreprise
seraient donc doublés au bout de trois ans.....

Là se termine la première partie du travail de M. *Dugied*.

Dans la partie suivante il cherche à attribuer à l'État des bénéfices qui le fassent rentrer dans ses déboursés, de telle sorte que ses premières dépenses ne puissent plus être considérées que comme des avances. — Suivons-le dans ses calculs.

« ..... L'amortissement des sommes dépensées par l'État se fera par « l'augmentation des impôts que devront subir les terres vagues con- « verties en forêts, — A la rigueur, et suivant les règles usitées dans « la répartition des impôts, cette augmentation resterait au profit du « département et servirait à alléger l'impôt foncier des autres pro- « priétaires. Mais il faut croire que le conseil général consentira à ce « qu'elle soit ajoutée à la contribution foncière du département. C'est « sur cette augmentation, et en présupposant ce vote, qu'on peut baser « des calculs.

« ..... La contribution assise sur les terres vagues est moyennement « de 22 centimes par hectare. Celle assise sur les forêts est de 72 cent. « Lors donc qu'un hectare de terres vagues aura été converti en forêts, « il produira une augmentation de contributions équivalant à 50 cen- « times. C'est cette différence de 50 centimes qui composera le fonds « de l'amortissement. Il faut remarquer que les 50 centimes ne seront « touchés que dix ans après les semis, puisque l'État a fait une remise « de contributions aux semeurs pendant cette durée de temps. — Il « faut encore admettre dans les calculs que tous les semis n'auront « pas réussi, et qu'une partie des graines livrées gratuitement par « l'administration et payées par elle auront péri. On suppose que la « perte des semis sera d'un cinquième.

« Avec tous ces éléments on peut former des tables qui donneront, « année par année, l'état des dépenses ou des bénéfices du gouverne- « ment. On voit de cette manière que pour un semis de 20,000 hectares « les dépenses du gouvernement, au bout de dix ans, seront montées « à 534,000 fr.; mais qu'au bout de 86 ans, il sera couvert de toutes « ses avances. De plus, il aura acquis un boni annuel de 8,000 francs, « provenant des contributions qui continueraient à courir.

« Si l'on étend les calculs jusqu'à 150,000 hectares (ce qui comprend « la totalité de la superficie à reboiser), et si l'on suppose qu'on les « ensemence en 50 ans, on trouve que l'État sera couvert de ses avan- « ces au bout de 140 années, et qu'il jouira dès lors d'un boni annuel

« de 60,000 fr. — Il suit de là qu'il est de l'intérêt de l'État de donner
« à ces opérations la plus grande extension possible.

« Il faut aussi que l'État récupère les avances qu'il aura faites pour
« la construction des digues. Or, il trouvera les ressources de l'amor-
« tissement, d'abord, dans les bénéfices précédemment calculés et
« fondés sur l'augmentation des 50 centimes, ensuite dans la pro-
« priété d'une certaine partie des conquêtes. — Comme il aura fourni
« la moitié des dépenses auxquelles la conquête doit son existence, il
« est juste qu'il possède la moitié des terrains conquis... »

Tel est le système développé par M. *Dugied* dans son mémoire sur le
boisement des *Basses-Alpes*. — Ce travail n'a produit aucun fruit. Il
n'a pas ralenti un seul instant les abus. L'administration ne s'est pas
réveillée de son indifférence, et la dévastation des torrents, et les misères qu'elle traîne à sa suite, et la ruine quotidienne de la contrée se
poursuivent comme par le passé.

NOTE 13.

Opinion de M. Michel Chevalier sur les reboisements.

Chap. XXXIX.

Voici comment s'exprime M. *Michel Chevalier*, dans son ouvrage:
Les intérêts matériels de la France.

« ...... En outre des travaux effectués en lit de rivière, il y aurait
« d'autres mesures qui exerceraient, au dire d'hommes expérimentés,
« une salutaire influence sur la navigabilité des cours d'eau naturels,
« et qui intéresseraient les canaux eux-mêmes, puisque, pour s'ali-
« menter, ceux-ci sont obligés de recourir aux rivières et aux plus mo-
« destes ruisseaux. Je veux parler spécialement de la replantation des
« montagnes que l'on a dépouillées de leurs bois avec tant d'impré-
« voyance, et que l'on abandonne dans leur nudité par une coupable
« inertie ; ou même, par une fatale condescendance pour de mesquins

« intérêts que la loi ne reconnaît pas, et qu'au contraire elle repousse,
« l'on empêche les forêts de se reproduire par le seul effort de la na-
« ture. Les pluies et les neiges, lorsqu'elles tombent sur des cimes pe-
« lées, s'écoulent ou s'évaporent avec une rapidité extrême ; au lieu de
« maintenir les fleuves et rivières à des niveaux moyens, dont profi-
« teraient les bateliers, et dont se féliciteraient les propriétaires rive-
« rains, elles produisent alors des crues subites, des inondations qui
« suspendent la navigation, dévastent les propriétés en les couvrant de
« graviers, et quelquefois les rongent et les entraînent ; puis, après les
« débordements, viennent brusquement des basses eaux, qui ne cessent
« que de loin en loin et pour de courts délais, à la faveur de quelque
« orage. Avec un déboisement déréglé, nos pays tempérés se rappro-
« chent ainsi des régions méridionales, où il n'y a que des torrents
« pendant le printemps et l'automne, des filets d'eau imperceptibles
« au milieu d'un océan de sable pendant l'été, et jamais de rivières
« faciles et maniables.

« Il ne s'agit pas de rendre le sol de la France aux forêts primitives.
« Parmi les déboisements effectués depuis cinquante ans, il y en a
« beaucoup qui seront profitables au pays. Le déboisement est une
« conquête de l'homme sur la nature ; les bois doivent disparaître des
« plaines et y céder la place à la culture. Mais on ne s'est malheureu-
« sement pas borné à découvrir ce qui, dans les vallées, pouvait être
« sillonné par la charrue, ou ce qui était appelé à fournir de gras pâ-
« turages ; on a arraché les arbres de cantons stériles, où le bois seul
« devait croître ; on a imprudemment livré à la hache les flancs et les
« cimes de nos montagnes ; puis, le régime de la vaine pâture, affran-
« chi de toute surveillance, et une vicieuse administration des forêts
« publiques et privées, ont empêché la reproduction des bois après la
« coupe.

« …Toutes les améliorations resteront peu efficaces *tant qu'on n'aura*
« pas insère au budget un chapitre en faveur de la replantation. Avec un
« million consacré tous les ans à semer ou à planter des essences d'ar-
« bres bien choisies sur ceux des emplacements jadis occupés par les
« forêts qui paraissent devoir être toujours rebelles à la culture, l'État
« se créerait en vingt ou trente ans un immense capital, réparti sur les
« vastes croupes des *Pyrénées,* des *Alpes* et des *Vosges,* ainsi que sur le
« littoral des *Landes,* où l'on n'applique aujourd'hui que sur une échelle

« lilliputienne les procédés ingénieux et économiques du savant *Bre-*
« *moutier*. En temps de paix, ce serait un inépuisable approvisionne-
« ment pour vingt branches d'industrie, et notamment pour celle des
« fers, qui ne travaillera à bon marché en *France* que lorsque le bois y
« sera plus abondant. En temps de guerre, ce serait une ressource de
« plus facile défaite que des rentes nouvelles.... »

FIN DES NOTES.

EXPLICATION DES PLANCHES.

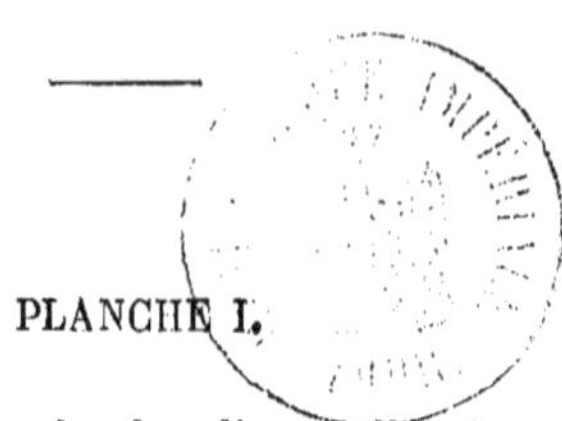

PLANCHE I.

Fig. 1. — Cette figure donne le plan d'une vallée traversée par une
rivière divagante, et ravagée par un torrent du deuxième genre.

Le *bassin de réception* est figuré par l'enceinte AABD. Dans
cette enceinte, ABA* représente l'*entonnoir* du bassin, et BD
représente la *gorge* ou le *goulot*.

Le *canal d'écoulement* est dans la région D, mais trop court
pour pouvoir être indiqué.

DDDD figure *le lit de déjection*.

Ce torrent s'élève jusque sous les crêtes de la montagne AA.
Il est traversé dans le bas par une route qui s'élève sur le lit
de déjection jusqu'au faîte, où coulent les eaux, puis s'abaisse
sur l'autre versant. On voit que les déjections forment un monticule qui repousse la rivière contre la rive opposée, et qui
recouvre une vallée plate, formée par les délaissés de la rivière G.

T, déjection d'un torrent du troisième genre.

Fig. 2. — Cette coupe est prise sur le torrent représenté dans la
figure précédente. On peut vérifier et éclaircir ici tout ce qui
a été dit dans le chapitre V. — On voit que le lit dessine une
courbe continue, concave vers le centre de la terre. Le fond de
la vallée dans laquelle tombe le torrent est recouvert par un
terrain de transport, formé par les alluvions de la rivière, et
aplani suivant une surface horizontale. — Sur ce premier
terrain se sont entassées les déjections, qui ont raccordé, en
quelque sorte, le niveau de la vallée avec les pentes rapides du
revers.

PLANCHE II.

Fig. 3 et 4. — Ces figures sont des coupes faites en travers du lit de deux torrents. On voit que que dans le premier, celui de *Boscodon*, les déjections s'élèvent jusqu'à 73^m,20 au-dessus du fond de la vallée; et dans celui de *Merdanel*, jusqu'à 35^m,41. Mais, dans ce dernier, la coupe a été prise sur l'axe d'une route qui traverse le torrent à plus d'un quart de lieue à l'aval de l'issue de la gorge.

La largeur du lit du *Boscodon* est de 3,330 mètres.

Fig. 5 et 6. — On voit, sur ces figures, que les pentes du lit vont en décroissant de l'amont à l'aval.

Le nivellement du torrent de *Boscodon* ne comprend que le lit de déjection, et s'arrête à l'entrée de la gorge. Voilà pourquoi la variation des pentes est plus douce. Elle est comprise entre 0,076 et 0,06 par mètre.

Le nivellement du torrent de *Sainte-Marthe* remonte dans la gorge. L'emplacement du pont signale la fin du canal d'écoucoulement et le sommet de l'éventail. Là, la pente est de 0^m,076, comme au sommet de l'éventail du *Boscodon*. Dans le bas, elle est de 0^m,069. — A l'amont du pont, les variations des pentes sont plus rapides.

PLANCHE III.

Fig. 7. — Ce nivellement a été fait sur le torrent du *Rabioux*, qui est encaissé jusqu'à la rivière; on peut vérifier là ce qui a été dit au chapitre VI. — On voit que le lit, quoique encaissé, suit dans sa courbe les mêmes lois que les lits du *Boscodon* et de *Sainte-Marthe*, qui sont dénués de berges.

Dans le bas, les pentes s'abaissent au-dessous de 0^m,06 par mètre. Le torrent n'amène plus là que des galets; les blocs se déposent plus haut,

PLANCHE IV.

Fig. 8, 9 et 10. — Ces trois nivellements se rapportent à des torrents récents. — Ils montrent clairement le fait du brisement de pente, et celui des pentes *imparfaites*, signalées dans le chapitre IV.

On peut remarquer d'abord que, dans tous les trois, le lit ne présente plus une courbure continue. — Elle est brisée au point B dans le torrent des *Graves*, au point A dans celui de *Combe-Barre*, et aux points C et D dans celui de *Pals*.

Ensuite, dans le torrent des *Graves* (figure 9), on voit qu'au-dessous du brisement B, la pente, qui était de $0^m,074$, s'abaisse à $0^m,027$. Or, cette dernière pente, indépendamment de toute autre considération, n'est pas suffisante pour entraîner les matières que le torrent y apporte, elle est *imparfaite*. Il doit se former un exhaussement en B, dont l'effet sera de rendre la courbe du lit continue, et de lui donner des pentes plus fortes, que j'ai appelées les *pentes-limites*.

Sur le torrent de *Pals* (figure 10) il y a deux brisements. L'un D se rapporte aux dépôts de gros blocs, l'autre C aux dépôts de galets. Ces deux points seront inévitablement exhaussés.

Dans le torrent de *Combe-Barre*, la formation du lit est déjà plus avancée, et plus voisine des pentes-limites.

60. — Paris. — Imprimerie de Cusset et C*, 20, rue Racine.

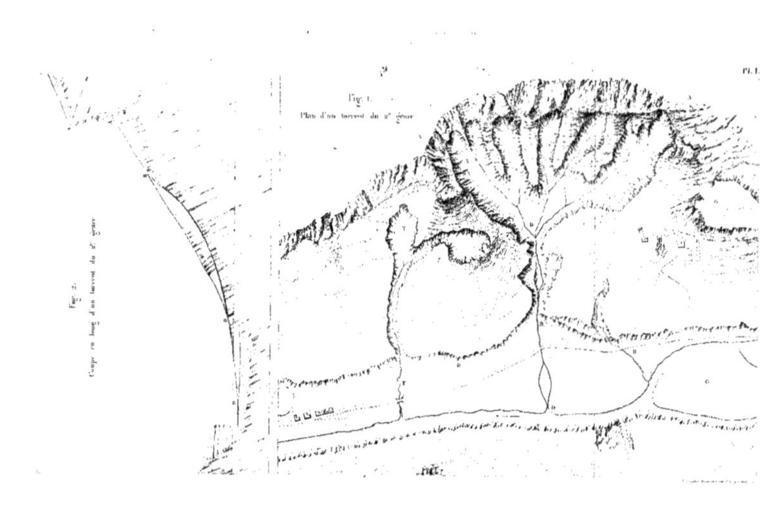

Pl. I.
Fig. 1.
Plan d'un torrent du 2e genre
Fig. 2.
Coupe en long d'un torrent du 2e genre

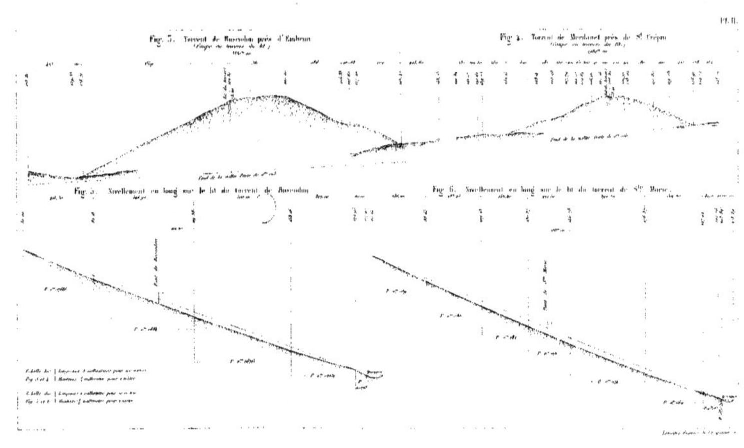

Pl. II.
Fig. 3. Torrent de Boscodon près d'Embrun
Fig. 4. Torrent de Merdanet près de St. Crépin
Fig. 5. Nivellement en long sur le lit du torrent de Boscodon
Fig. 6. Nivellement en long sur le lit du torrent de Ste Marie

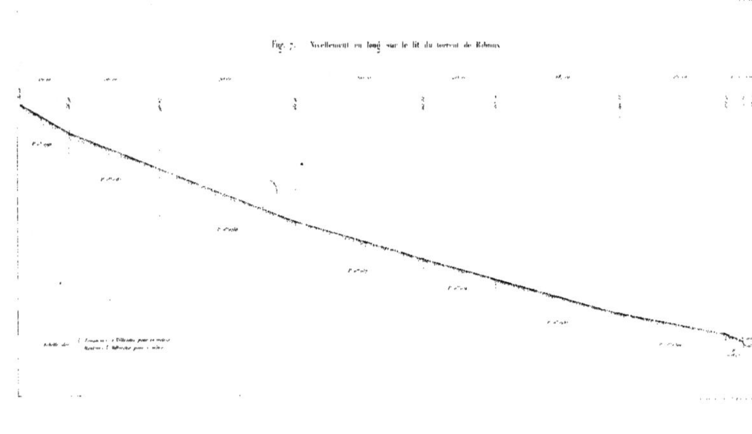

Fig. 7. — Nivellement en long sur le lit du torrent de Robines

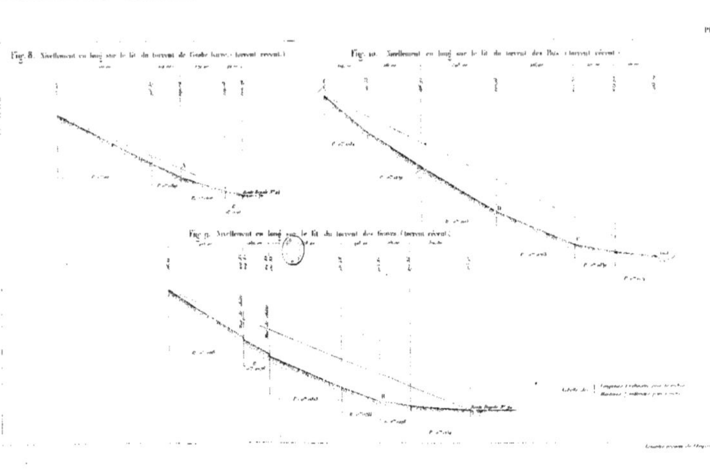

Fig. 8. Nivellement en long sur le lit du torrent de Combe larive (torrent revent.)

Fig. 10. Nivellement en long sur le lit du torrent des Pris (torrent récent)

Fig. 9. Nivellement en long sur le lit du torrent des Gouns (torrent récent)

9 782329 576398